浙江师范大学资源分析与规划省级实验教学示范中心资助出版

环境物理性污染控制实验教程

郭婷　陈建荣　王方园　编著

WUHAN UNIVERSITY PRESS
武汉大学出版社

图书在版编目(CIP)数据

环境物理性污染控制实验教程/郭婷,陈建荣,王方园编著. —武汉:武汉大学出版社,2014.2(2015.1重印)
ISBN 978-7-307-11776-1

Ⅰ.环…　Ⅱ.①郭…　②陈…　③王…　Ⅲ.环境污染—污染控制—教材　Ⅳ.X506

中国版本图书馆 CIP 数据核字(2013)第 224205 号

责任编辑:谢文涛　　　责任校对:汪欣怡　　　版式设计:马　佳

出版发行:**武汉大学出版社**　　(430072　武昌　珞珈山)
　　　　　(电子邮件:cbs22@whu.edu.cn 网址:www.wdp.whu.edu.cn)
印刷:武汉珞珈山学苑印刷有限公司
开本:787×1092　1/16　印张:4.75　　字数:110 千字　插页:1
版次:2014 年 2 月第 1 版　　2015 年 1 月第 2 次印刷
ISBN 978-7-307-11776-1　　定价:15.00 元

前　　言

　　"环境物理性污染控制实验"是"环境物理性污染控制技术"专业课程教学的重要环节和内容，是环境工程专业学生学完该门课程后，进行的一次重要实践训练，是理论联系实际的重要阶段。通过这一实践性教学环节，学生将掌握"环境物理性污染控制技术"课程的基本理论、基本设计程序和步骤，同时这门课程也将教会学生查阅资料的方法，提高学生运用所学课程知识分析并解决工程问题的能力。

　　本实验教程主要包含：噪声监测与控制实验8个，放射性监测试验8个和电磁辐射监测实验2个。

　　本教材可作为高等院校环境科学和环境工程专业学生的实验教材，也可作为从事环境物理性污染控制的专业人员的参考书。

作　者

2013 年 1 月

目　录

第一章　噪声监测与控制实验

第一节　声源的声级测量

目前，噪声已成为在世界范围内危害人类健康的重要因素，为三大公害之一。我国《工业企业噪声卫生标准》规定：对于新建、扩建和改建的工业企业，工人工作地点的连续噪声声级不得大于 85dB(A)，对于现有工业企业，不得大于 90dB(A)。对于噪声进行正确的测量，是有效控制噪声的基础工作。

一、实验目的

(1)通过实验，直观感受噪声级大小与听觉的关系，加深对噪声危害的认识。
(2)了解声级计的构造及其工作原理，掌握声级计的使用方法。
(3)掌握不同声源 A 声级的测定方法。
(4)掌握声级测量中的各种计算方法，学会用图表进行分贝加减的快速计算。

二、实验原理

(一)声级计

声级计是最基本的噪声测量仪器，它是一种电子仪器，但又不同于电压表等客观电子仪表。在把声信号转换成电信号时，可以模拟人耳对声波反应速度的时间特性；对高低频有不同灵敏度的频率特性以及不同响度时改变频率特性的强度特性。因此，声级计是一种主观性的电子仪器。

(二)声级计的工作原理

声级计是噪声测量中最基本的仪器。声级计一般由电容式传声器、前置放大器、衰减器、放大器、频率计权网络以及有效值指示表头等组成。声级计的工作原理是：由传声器将声音转换成电信号，再由前置放大器变换阻抗，使传声器与衰减器匹配。放大器将输出信号加到计权网络，对信号进行频率计权(或外接滤波器)，然后再经衰减器及放大器将信号放大到一定的幅值，送到有效值检波器(或外接电平记录仪)，在指示表头上给出噪声声级的数值。

1. 传声器

传声器是把声压信号转变为电压信号的装置，也称为话筒，它是声级计的传感器。常

1

见的传声器有晶体式、驻极体式、动圈式和电容式等数种。下面介绍动圈式传声器和电容式传声器。

（1）动圈式传声器。由振动膜片、可动线圈、永久磁铁和变压器等组成声级计。振动膜片受到声波压力以后开始振动，并带动着和它装在一起的可动线圈在磁场内振动以产生感应电流。该电流根据振动膜片受到声波压力的大小而变化。声压越大，产生的电流就越大；声压越小，产生的电流也越小。

（2）电容式传声器。主要由金属膜片和靠得很近的金属电极组成，实质上是一个平板电容。金属膜片与金属电极构成了平板电容的两个极板，当膜片受到声压作用时，膜片便发生变形，使两个极板之间的距离发生了变化，于是改变了电容量，使测量电路中的电压也发生了变化，实现了将声压信号转变为电压信号的作用。电容式传声器是声学测量中比较理想的传声器，具有动态范围大、频率响应平直、灵敏度高和在一般测量环境下稳定性好等优点，因而应用广泛。由于电容式传声器输出阻抗很高，因而需要通过前置放大器进行阻抗变换，前置放大器装在声级计内部靠近安装电容式传声器的部位。

2. 放大器

一般采用两级放大器，即输入放大器和输出放大器，其作用是将微弱的电信号放大。输入衰减器和输出衰减器是用来改变输入信号的衰减量和输出信号衰减量的，以使表头指针指在适当的位置。输入放大器使用的衰减器调节范围为测量低端，输出放大器使用的衰减器调节范围为测量高端。许多声级计的高低端以 70dB 为界限。

3. 计权网络

为了模拟人耳听觉在不同频率有不同的灵敏性，在声级计内设有一种能够模拟人耳的听觉特性，把电信号修正为与听感近似值的网络，这种网络叫做计权网络。通过计权网络测得的声压级，已不再是客观物理量的声压级（叫线性声压级），而是经过听感修正的声压级，叫做计权声级或噪声级。

计权（又叫加权）参数是在对频响曲线进行了一些加权处理后测得的参数，以区别于平直频响状态下的不计权参数。例如信噪比，按照定义，在额定的信号电平下测出噪声电平（可以是功率，也可以是电压、电流），额定电平与噪声电平之比就是信噪比，如果是分贝值，则计算二者之差。这是不计权信噪比。不过，由于人耳对各频段噪声的感知能力是不一样的，对 3kHz 左右的中频最灵敏，对低频和高频则差一些，因此不计权信噪比未必与人耳对噪声大小的主观感觉能很好地吻合。

如何将测量值与主观听感统一起来呢？于是就有了均衡网络，或者叫加权网络，对低频和高频都加以适度的衰减，这样中频便更突出。把这种加权网络接在被测器材和测量仪器之间，于是器材中频噪声的影响就会被该网络"放大"，换言之，对听感影响最大的中频噪声被赋予了更高的权重，此时测得的信噪比就叫计权信噪比，它可以更真实地反映人的主观听感。

根据所使用的计权网不同，分别称为 A 声级、B 声级和 C 声级，声级计单位记作 dB(A)、dB(B) 和 dB(C)。A 计权声级是模拟人耳对 55dB 以下低强度噪声的频率特性，B 计权声级是模拟 55dB 到 85dB 的中等强度噪声的频率特性，C 计权声级是模拟高强度噪声的频率特性。三者的主要差别是对噪声低频成分的衰减程度，A 衰减最多，B 次之，C 最少。A 计权声级由于其特性曲线接近于人耳的听感特性，因此是目前世界上噪声测量中应用最广泛的一种，许多与噪声有关的国家规范都是按 A 声级作为指标的，但由于 A 计权所依据的灯响曲线经过多次修正后发生了很大的变化，A 计权的地位也正逐渐下降，目前比较流行的计权标准包括 NR，NC 灯标准。

4. 检波器和指示表头

检波器作用是把迅速变化的电压信号转变成变化较慢的直流电压信号。这个直流电压的大小要正比于输入信号的大小。根据测量的需要，检波器有峰值检波器、平均值检波器和均方根值检波器之分。峰值检波器能给出一定时间间隔中的最大值；平均值检波器能在一定时间间隔中测量其绝对平均值；除脉冲噪声需要测量它的峰值外，在多数的噪声测量中均是采用均方根值检波器。

均方根值检波器能对交流信号进行平方、平均和开方，得出电压的均方根值，最后将均方根电压信号输送到指示表头。目前，测量噪声用的声级计，按表头响应灵敏度分为四种：

（1）"慢"。表头时间常数为 1000ms，一般用于测量稳态噪声，测得的数值为有效值。

（2）"快"。表头时间常数为 125ms，一般用于测量波动较大的不稳态噪声和交通运输噪声等。快挡接近人耳对声音的反应。

（3）"脉冲或脉冲保持"。表针上升时间为 35ms，用于测量持续时间较长的脉冲噪声，如冲床、按锤等，测得的数值为最大有效值。

（4）"峰值保持"。表针上升时间小于 20ms，用于测量持续时间很短的脉冲噪声，如枪声、炮声和爆炸声，测得的数值是峰值，即最大值。

三、实验设备

（1）声级计；

（2）噪声源；

（3）皮尺等。

四、实验方法和实验要求

声级计使用正确与否，直接影响到测量结果的准确性。因此，有必要介绍一下声级计的使用方法及注意事项。

（1）声级计使用环境的选择，选择有代表性的测试地点，声级计要离开地面，离开墙壁，以减少地面和墙壁的反射声的附加影响。

（2）天气条件要求在无雨无雪的时间，声级计应保持传声器膜片清洁，风力在三级以上必须加风罩（以避免风噪声干扰），五级以上大风应停止测量。

（3）打开声级计携带箱，取出声级计，套上传感器。

（4）将声级计置于 A 状态，检测电池，然后校准声级计。

（5）调节测量的量程。

（6）使用快（测量声压级变化较大的环境的瞬时值）、慢（测量声压级变化不大的环境中的平均值）、脉冲（测量脉冲声源）、滤波器（测量指定频段的声级）各种功能进行测量。

(7)根据需要记录数据,同时也可以连接打印机或者其他电脑终端进行自动采集。整理器材并放回指定地方。

(8)背景噪声修正,测量中除了被测声源产生的噪声外,还会有其他噪声(背景噪声,或称本底噪声)存在。背景噪声会影响测量的准确性,需要加以修正。可按背景噪声修正曲线进行修正或按表1-1进行修正。

表 1-1   背景噪声修正表

总的噪声级与背景噪声级之差(dB)	3	4~5	6~9	≥10
从总的噪声级读数中减去的 dB 数	3	2	1	0

由表1-1可知,若两者之差大于10dB,则背景噪声的影响可以忽略。但如果两者之差小于3dB,则表明所测声源的声级小于背景噪声声级,难以测准,应设法降低背景噪声后再测。

五、实验内容

(1)通过调节听觉实验装置的声级和频率大小,感受单一频率噪声的听觉印象。
(2)测量1~2个声源的 A 声级,并减去本底噪声的影响。
(3)测量并验证两个或者两个以上声源的声压级和总声压级的关系。
(4)针对同一声源分别测量 A、C 计权声级,大致判断该声源的频率特征。

六、实验报告要求

根据实验测量记录,按实验内容分步编写实验报告。
(1)绘制测量示意图,标明测量仪器与声源的位置关系,写出本底噪声修正的过程。
(2)验证两个或两个以上声源的声压级和总声压级的关系是否符合理论计算,如有误差,分析其原因。
(3)对同一声源分别进行 A、C 计权声级实测比较,分析差异性。

七、思考题

1. 声压和声压级之间有怎样的关系?
2. 分贝加减的适用条件是什么?

第二节　声源的声功率测量

一、实验目的

(1)掌握声源声功率的测量方法和测量步骤。
(2)理解掌握声源声功率的物理意义。

二、实验原理

声源的声功率是衡量声源每秒辐射的总声能的量。测量声功率有三种方法：①混响室法；②消声室或半消声室法；③现场法。

(一)混响室法

混响室是一间体积比较大（>180m³），隔声隔振良好，六个壁面坚实光滑，在测量的声音频率范围内反射系数大于98%的全封闭房间。由于在封闭房间内离源r处的平均声压级约为

$$L_p = L_w + 10\lg\left[\frac{Q}{4\pi r^2} + \frac{4}{R}\right] \tag{1-1}$$

$$R = \frac{S\bar{a}}{1 - \bar{a}} \tag{1-2}$$

式中：Q——声源指向性因数。当声源位于中央（空中）时，$Q=1$；位于某一壁面中央时，$Q=2$；位于两壁交线时，$Q=4$；位于三壁交角时，$Q=8$。

R——房间常数，计算方法见式(1-2)。

S——为混响室内总面积，$\bar{a}$则是其平均吸声系数。

当r足够大，使得$\frac{Q}{4\pi r^2} << \frac{4}{R}$时，式(1-1)括号中第一项可略去。在混响室中，只要离开声源一定距离，使得声压级不再随r的增大而明显减少时，就可认为符合要求。在各个位置测得几个混响声压级（由于声场并不能做到完全均匀），求平均值。可用式(1-3)求得声源的声功率级：

$$L_w = \bar{L}_p - 10\lg\left(\frac{4}{R}\right) \tag{1-3}$$

(二)消声室或半消声室法

内壁面装有吸声系数很高（吸声系数在测量频率范围内大于98%）的材料的封闭大房间称为消声室，若地面是坚实反射面的则称为半消声室。注意，对于半消声室，声源须直接置于地面上。声波在消声室内传播和在露天的自由空间传播一样，所以消声室内声场模仿为自由声场。而自由声场中的声功率级与平均声压级的关系如式(1-4)所示：

$$L_w = L_p + 10\lg S + \lg\left(\frac{P_0^2}{W_0\rho c}\right) \tag{1-4}$$

式中：L_p——面积为S的声源包络面上测得的平均声压级。在空气中，上式最后一项近似为0，所以$L_w \approx L_p + 10\lg S$。只需对声源假想一个包络面，测出这个包络面上各点的声压级并取平均值，算出包络面的面积，就可由此式算得声源的声功率级。

(三)现场测量法

不搬运声源，在车间中直接测量声源噪声，称为现场测量法。现场测量法又分为直接

法和比较法。

1. 直接法

直接法也是采取测量声源包络面上平均声压级 L_p 和包络面面积 S 的方法来确定声源声功率级。直接测量法原理如图 1-1 所示。

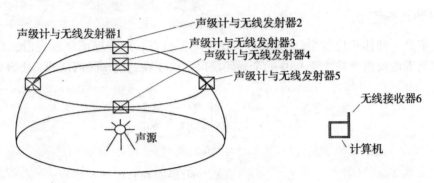

图 1-1　直接测量法原理图

直接测量法是设想一个包围声源的包络面(见图 1-1)，然后测量包络面各面元上的声压级。本实验采用 5 个测点形成包络，每个测点由声压级和无线发射器组成，接收由计算机和无线接收器组成，系统能即时收、发声音信号得出即时声功率。但在现场测量中声场内存在混响声，因此要对测量结果进行必要的修正，修正值 K 由声源的房间常数 R 确定：

$$L_w = \bar{L}_p + 10\lg S_0 - K(\mathrm{dB}) \qquad (1\text{-}5)$$

式中：$\bar{L}_p$——平均声压级；S_0——网络面总面积。

修正值
$$K = 10\lg\left(1 + \frac{4S_0}{R}\right) \ (\mathrm{dB}) \qquad (1\text{-}6)$$

也可根据房间的混响时间(T_{60})得到修正值 K，即

$$K = 10\lg\left(1 + \frac{S_0 T_{60}}{0.04V}\right) \ (\mathrm{dB}) \qquad (1\text{-}7)$$

式中：V——房间的体积。房间的吸声量越小，修正值 K 值越大。

当测点处的直达声与混响声相等时，$K=3$。K 越大，测量结果的精度越差。为了减小 K 值，可适当缩小网络面，即将各测点移近声源；或临时在房间四周放置一些吸声材料，增加房间的吸声量。

2. 比较法

比较法是利用经过实验室标定过声功率的任何噪声源作为标准声源，在现场中由对比测量两者声压级而得出待测机器声功率的一种方法。将标准声源放在待测声源附近位置，对标准声源和待测声源各进行一次同一包络面上各测点的测量。两次测量的 K 值应相同，因此待测声源声功率级为

$$L_w = L_{ws} + (\bar{L}_p - \bar{L}_{ps}) \qquad (1\text{-}8)$$

式中：下标有 s 的代表标准声源的声功率级和声压级。

要注意标准声源应与待测声源的频段基本相同。

三、实验仪器

(1)声功率测量系统；
(2)无线组网盒；
(3)声级计。

四、实验步骤

(1)将无线组网盒的拨码开关相应的设置好，与对应的声级计连接，并将声级计放置在发声体周围规定的测点上。

(2)将声功率测量系统打开，进行设置。在"测点选择"按钮下有九个选择框，选中将要进行测量的声级计的机号。

(3)"声级计机号"按钮下是每个测点放置声级计的机号，对于无线传输方式时是无线组网盒拨码开关的位置代码号，可相应的输入。

(4)环境修正值(K_{2A})应根据实际环境的量值提前填入，环境修正值(K_{2A})可按 GB/T 3768—1996 中的附录 A 声学环境鉴定方法得到，表面面积指的是由测点组成的测量面的面积。

(5)声功率测量首先应进行环境的背景噪声测量，被测发声体设备不开机，点下"背景噪声"按钮，系统开始测量背景噪声和计算平均声压级。

(6)背景噪声测量完毕后，打开发声体，再点一下"测点声级"就开始测量表面声压级和计算平均声压级，同时也自动计算出的声功率级。

五、实验报告要求

(1)根据实验测量结果，编写实验报告，求算模拟声源的声功率值。

(2)改变测量位置，即包络面大小测量相同声源的声功率值，比较两侧测量的差异，进行实验数据的精确性与准确度及其可靠性分析。

(3)撰写实验的收获与不足。

六、思考题

1. 声源声功率的测量原理是什么？
2. 混响室法，消声室或半消声室法，现场法，三种方法之间的区别与联系是什么？

第三节　噪声的实时频谱分析

现代以来，实时分析系统发展很快。例如，信号加强技术，测量声信号的频谱、功率谱密度、相关函数等。使用实时分析系统只要将信号输入，就立即在显示器上显示频谱变化，或者将分析所得的数据输入到打印机或记录仪器上。

通过此实验，要求了解噪声实时频谱分析软件的工作原理，掌握用该软件来分析噪声的频谱及其他特性，为将来解决实际工程中的噪声问题打好基础。

一、实验目的

(1)了解噪声实时频谱分析软件的工作原理。

(2)学会使用软件分析噪声的频谱及其特征。

(3)掌握噪声频谱分析的实际意义。

二、实验原理

任何一个有限能量信号都是由一系列的正弦信号组合而成,信号的时域分析往往只能得到有限的信息,因此需要其他分析手段全面揭示信号的特征。频谱分析是目前数字信号处理中常用的一种分析方法,被广泛应用在通信和信息处理领域。离散时间傅里叶变换的作用是获得离散信号的频谱,为进行频谱分析提供依据。

频谱分析是信号分析与系统分析的核心。频谱分析的数学基础是傅里叶变换,频谱分析就是要将这一变化对成为适合计算机处理离散的有限序列之间的变换,称为有限离散傅里叶变换(DFT)。

快速傅里叶变换(FFT)实质上是一种减少离散傅里叶变换计算时间的算法。用快速傅里叶变换算法对时间函数计算,可以得到一个复数函数,它包括实部和虚部,分别与信号的相位有关,但其总幅值与相位无关。实质上是将模拟信号转换为数字信号,适合计算机进行处理、分析。

三、实验设备

(1)UTek 动态信号采集分析与系统分析软件;

(2)声级计;

(3)USB 采集器。

四、实验内容及步骤

(1)将声级计、USB 采集器与电脑相连,构成一个实时分析系统。

(2)打开 UTek 频谱分析软件进行设置,再将声级计对准待测噪声源,此时声音信号通过 USB 采集器输入到电脑中,通过噪声频谱分析软件进行分析。

(3)单独测三种声音信号:汽车声、机器声、人群声,对这三种声音信号分别做频谱分析。

(4)混合任两种声音,做混合音的频谱分析。

(5)混合三种声音,做混合音的频谱分析。

五、实验报告

根据实验测量记录,编写实验报告。

(1)分别绘制汽车声、机器声和人群声的频谱图。

(2)组合任两种声音,绘制组合声的频谱图。

(3)将三种声音混合,绘制频谱图,根据频谱图分析声音的构成,包括声音的数量和种类。

六、思考题

1. 噪声频谱分析的重要意义是什么？
2. 频谱的基本特征有哪些？

第四节　城市区域环境噪声监测

一、实验目的和意义

(1)掌握城市区域噪声监测方法。
(2)熟练掌握声级计的使用。
(3)熟练掌握等效连续 A 声级、昼夜等效声级、标准偏差的计算方法。

二、实验原理

1. A 声级(weighted sound pressure level)

用 A 计权网络测得的声压级，用 L_A 表示，单位 dB(A)。

2. 等效连续 A 声级(equivalent continuous A-weighted sound pressure level)

A 声级能够较好地反映人耳对噪声的强度和频率的主观感觉，对于一个连续的稳定噪声，它是一种较好的评价方法。但是对于起伏的或不连续的噪声，很难确定 A 声级的大小。例如测量交通噪声，当有汽车通过时噪声可能是 75dB，但当没有汽车通过时可能只有 50dB，这时就很难说交通噪声是 75dB 还是 50dB。又如一个人在噪声环境下工作，间歇接触噪声与一直接触噪声对人的影响也不一样，因为人所接触的噪声能量不一样。为此提出了用噪声能量平均的方法来评价噪声对人的影响，这就是时间平均声级或等效连续声级，用 L_{eq} 表示。这里仍用 A 计权，故亦称等效连续 A 声级 L_{Aeq}。

等效连续 A 声级定义为：在声场中某一定位置上，用某一段时间能量平均的方法，将间歇出现的变化的 A 声级以一个 A 声级来表示该段时间内的噪声大小，并称这个 A 声级为此时间段的等效连续 A 声级，即

$$L_{eq} = 10\lg\left\{\frac{1}{T}\int_0^T\left[\frac{P_A(t)}{P_0}\right]^2 dt\right\}$$
$$= 10\lg\left(\frac{1}{T}\int_0^T 10^{0.1L_A}dt\right)$$

(1-9)

式中：$P_A(t)$——瞬时 A 计权声压；

　　　P_0——参考声压(2×10^{-5}Pa)；

　　　L_A——变化 A 声级的瞬时值，dB；

　　　T——某段时间的总量。

实际测量噪声是通过不连续的采样进行测量，假如采样时间间隔相等，则

$$L_{eq} = 10\lg\left(\frac{1}{N}\sum_{i=1}^{n}10^{0.1L_{Ai}}\right) \tag{1-10}$$

式中：N——测量的声级总个数；

L_{Ai}——采样到的第 i 个 A 声级。

对于连续的稳定噪声，等效连续声级就等于测得的 A 声级。

3. 昼夜间等效声级(day-night equivalent sound level)

通常噪声在晚上比白天更显得吵，尤其对睡眠的干扰是如此。评价结果表明，晚上噪声的干扰通常比白天高 10dB。为了把不同时间噪声对人的干扰不同的因素考虑进去，在计算一天 24h 的等效声级时，要对夜间的噪声加上 10dB 的计权，这样得到的等效声级为昼夜等效声级，以符号 L_{dn} 表示；昼间等效用 L_{d} 表示，指的是在早上 6 点后到晚上 22 点前这段时间里面的等效值，可以将在这段时间内的 L_{eq} 通过下面的公式计算出来；夜间等效用 L_{n} 表示，指的是在晚上 22 点后到早上 6 点前这段时间里面的等效值，可以将在这段时间内的 Leq 通过下面的公式计算出来：

$$L_{d} = 10\lg\left(\frac{1}{N}\sum_{i=1}^{n}10^{0.1L_{eqi}}\right) \tag{1-11}$$

$$L_{n} = 10\lg\left(\frac{1}{N}\sum_{i=1}^{n}10^{0.1L_{eqi}}\right) \tag{1-12}$$

$$L_{dn} = 10\lg\left[\frac{1}{24}(16\times10^{L_d/10} + 8\times10^{(L_n+10)/10})\right] \tag{1-13}$$

式中：L_{d}——白天的等效声级；

L_{n}——夜间的等效声级；

Leq_{i}——一小段时间的等效值；

N——等效值的个数。

白天与夜间的时间定义可依地区的不同而异。16 为白天小时数(6：00—22：00)，8 为夜间小时数(22：00—第二天 6：00)。

4. 声环境功能区分类

按区域功能特点和环境质量要求，分为 5 种类型：

(1)0 类声环境功能区，康复疗养区等特别需要安静的区域。

(2)1 类声环境功能区，以居民住宅、医疗卫生、文化教育、科研设计、行政办公为主要功能，需要保持安静的区域。

(3)2 类声环境功能区，以商业金融、集市贸易为主要功能，或者居住、商业、工业混杂、需要维护住宅安静的区域。

(4)3 类声环境功能区，以工业生产、仓储物流为主要功能，需要防止工业噪声对周围环境产生严重影响的区域。

(5)4 类声环境功能区，指交通干线两侧一定距离之内，需要防止交通噪声对周围环境产生严重影响的区域，包括 4a 类和 4b 类两种类型。4a 类为高速公路、一级公路、二级公路、城市快速路、城市主干路、城市次干路、城市轨道交通(地面段)、内河航道两侧区域；4b 类为铁路干线两侧区域。

各类声环境功能区适用表 1-2 规定的环境噪声等效声级限值。

表 1-2 环境噪声等效声级限值

声环境功能区		时 段	
		昼间	夜间
0 类		50	40
1 类		55	45
2 类		60	50
3 类		65	55
4 类	4a 类	70	55
	4b 类	70	60

各类声环境功能区夜间突发噪声，其最大声级超过环境噪声限值的幅度不得高于 15dB(A)。

三、实验仪器与设备

使用仪器是 PSJ-2 型声级计或其他普通声级计，原理见教材，使用方法参看附录 2。
测量条件：

(1)天气条件要求在无雨无雪的时间，声级计应保持传声器膜片清洁，风力在三级以上时必须加风罩(以避免风噪声干扰)，五级以上时应停止测量。

(2)手持仪器测量，传声器要求距离地面 1.2m。

四、实验步骤

(1)将某区域(或学校)划分为 25m×25m 的网格，测量点选在每个网格的中心，若中心点的位置不宜测量，可移到旁边能够测量的位置。

(2)每组配置一台声级计，顺序到各网点测量，分别在昼间和夜间进行测量，每一网格至少测量 4 次(昼间 3 次，夜间 1 次)，时间间隔尽可能相同。

(3)读数方式用慢挡，每隔 5s 读一个瞬时 A 声级。读数同时要判断和记录附近主要噪声来源(如交通噪声、施工噪声、工厂或车间噪声、锅炉噪声……)和天气条件。

五、实验报告

(1)根据实验测量结果绘制某区域(或学校)噪声污染图。

环境噪声是随时间而起伏的无规律噪声，因此测量结果一般用等效连续声级来表示，本实验用等效连续 A 声级表示某时刻该测量点噪声值，用昼夜等效声级作为该测量点的环境噪声评价量，代表该测量点一整天的噪声污染水平。

以 5dB 为一等级，用不同颜色或阴影线绘制某区域(或学校)噪声污染图。图例说明见表 1-3。

表1-3   **噪声污染图例说明**

噪声带	颜 色	阴影线
35dB	浅绿色	小点，低密度
36~40dB	绿色	中点，中密度
41~45dB	深绿色	大点，高密度
46~50dB	黄色	垂直线，低密度
51~55dB	褐色	垂直线，中密度
56~60dB	橙色	垂直线，高密度
61~65dB	朱红色	交叉线，低密度
66~70dB	洋红色	交叉线，中密度
71~75dB	紫红色	交叉线，高密度
76~80dB	蓝色	宽条垂直线

(2)进行实验数据的精确性与准确度及其可靠性分析。

(3)撰写实验收获与不足。

六、思考题

1. 为什么测量点要距离任何建筑不小于1m?

2. 标准偏差说明什么问题?

第五节　城市道路交通噪声监测

一、实验目的和意义

(1)加深对交通噪声特征的了解。

(2)熟练掌握声级计的使用，并学会用普通声级计测量交通噪声。

(3)熟练地计算等效声级、统计声级、标准偏差。

二、实验原理

由于环境交通噪声是随时间而起伏的无规则噪声，因此测量结果一般用统计值或等效声级来表示。

1. 累积百分声级(percentile level)

用于评价测量时间段内噪声强度时间统计分布特征的指标，指占测量时间段一定比例的累积时间内A声级的最小值，用L_N表示，单位 dB(A)。最常用L_{10}、L_{50}和L_{90}，其含义如下:

L_{10}——在测量时间内有10%的时间A声级超过的值，相当于噪声的平均峰值;

L_{50}——在测量时间内有 50% 的时间 A 声级超过的值，相当于噪声的平均中值；

L_{90}——在测量时间内有 90% 的时间 A 声级超过的值，相当于噪声的平均本底值。

如果数据采集是按等时间间隔进行的，则 L_N 也表示有 $N\%$ 的数据超过的噪声级。

标准偏差：

$$\delta = \sqrt{\frac{1}{n-1} \sum_{i=1}^{n} (L_i - \bar{L})^2} \qquad (1\text{-}14)$$

式中：

L_i——测得的第 i 个声级；

$\bar{L}$——测得声级的算术平均值；

n——测得声级的总个数。

如果数据符合正态分布，其累积分布在正态概率坐标上为一直线，即可用近似公式：

$$L_{eq} \approx L_{50} + \frac{d^2}{60} \qquad (1\text{-}15)$$

$$d = L_{10} - L_{90} \qquad (1\text{-}16)$$

并有标准偏差：

$$\delta = \frac{1}{2} \sqrt{(L_{16} - L_{84})^2} \qquad (1\text{-}17)$$

2. 噪声污染级(noise pollution level)

许多非稳态噪声的实际表明：涨落噪声所引起人的烦恼程度比等能量的稳态噪声要大。并且与噪声暴露的变化率和平均强度有关。经试验证明，在等效连续声级的基础上加上一项表示噪声变化幅度的量，更能反映实际污染程度。用这种噪声污染级评价航空或道路的交通噪声比较恰当。故噪声污染级(符号 L_{NP})：

$$L_{NP} = L_{eq} + K\delta \qquad (1\text{-}18)$$

$$\delta = \sqrt{\frac{1}{n-1} \sum_{i=1}^{n} (L_i - \bar{L})^2} \qquad (1\text{-}19)$$

式中：

K——常数，对交通和飞机噪声取值 2.56；

δ——测定过程中瞬时声级的标准偏差；

L_i——测得的第 i 个声级；

$\bar{L}$——测得声级的算术平均值；

n——测得声级的总个数。

对于许多重要的公共噪声，噪声污染级也可以写成：

$$L_{NP} = L_{eq} + d \qquad (1\text{-}20)$$

或 $L_{NP} = L_{50} + d + \dfrac{d^2}{60}$　（正态分布）　$\qquad (1\text{-}21)$

式中：$d = L_{10} - L_{90}$ $\qquad\qquad (1\text{-}22)$

3. 交通干线(traffic artery)

指铁路(铁路专用线除外)、高速公路、一级公路、二级公路、城市快速路、城市主干路、城市次干路、城市轨道交通线路(地面段)、内河航道。

(1)高速公路。折合成小客车四车道：25000~55000辆；六车道：45000~80000辆；八车道：60000~100000辆。

(2)一级公路。折合成小客车四车道：15000~30000辆；六车道：25000~55000辆。

(3)二级公路。折合成小客车四车道：5000~15000辆。

(4)城市快速路。道路中设有中央分隔带，具有四条以上机动车道，全部或部分采用立体交叉与控制出入，供汽车以较高速度行驶的道路，又称汽车专用道。大城市联系室内各地区的交通枢纽。

(5)城市主干路。联系城市各主要地区(如住宅区以及港口、机场和车站等客货运中心等)，承担城市主要交通任务的交通干道，是城市道路网的骨架。

(6)城市次干路。城市各区域内部的主要道路，与城市主干路结合成道路网，起集散交通作用兼有服务功能。

三、实验仪器、设备

(1)使用仪器是 PSJ-2 型声级计或其他普通声级计，原理见教材，使用方法参看附录。

(2)米尺，秒表，五号干电池若干。

四、实验步骤

1. 仪器检查

声级计为积分平均声级计，精度为 2 型或 2 型以上。并定期校验。测量前后使用声校准器校准，示值偏差≤0.5dB。

2. 气象条件选择

测量天气应无雨雪、雷电，风速 5m/s 以下。

3. 测量地点选择

测量地点原则上应选择在两个交通道路口之间的交通线上，并设在马路边人行道上，一般离马路边沿 20cm，到路口距离大于 50m；距离任何反射物(地面除外)至少 3.5m 外测量，距离地面 1.2m 高度以上。

4. 测量方法

(1)每组(四人)配置一台声级计，分别进行看时间、读数、记录和监视车辆四项任务。

(2)读数方式采用慢挡，每隔 5s 读一个瞬时 A 声级，连续读取 200 个数据(大约 17min)，同时记下车流量。

5. 数据处理

计算出 L_{eq}、L_{10}、L_{50}、L_{90} 和标准偏差 δ。

五、实验报告

1. 原始数据记录

原始数据记录见表 1-4。

表 1-4　　　　　　　　　　　　　　环境噪声测量记录

年　　月　日；星期　　天气

采样时间：　　时　　分　　　时　　分；

采样地点：　　　　路与　　　路交叉口；

监测仪器：　　　　　　；仪器编号：

计权网络：　A 挡　　　；快慢挡：慢 挡；

噪声来源：交通噪声　；车流量：　　　　辆/分；

取样间隔：　5s　　　；取样总次数：　200　次。

2. 等效连续 A 声级的计算

将表格中所得各监测数据按能量叠加法则进行累加得到 L_{eq}，按下式计算等效连续 A 声级：

$$L_{eq} = 10\lg\left(\frac{1}{n}\sum_{i=1}^{n}10^{L_i/10}\right) \tag{1-23}$$

$$L_{eq} = L_m - 10\lg\sum N_i \tag{1-24}$$

在本方法条件下：

$$L_{eq} = 10\lg\left(\frac{1}{200}\sum_{i=1}^{200} 10^{L_i/10}\right) \tag{1-25}$$

$$L_{eq} = L_m - 23 \tag{1-26}$$

式中：L_i——每 5s 的瞬时 A 声级。

3. 统计声级的计算

将所测得的数据从大到小排列，找出第 10% 个数据即为 L_{10}，第 50% 个数据为 L_{50}，第 90% 个数据为 L_{90}。对于本实验，即将 200 个数据按从大到小的顺序排列，第 20 个数据即为 L_{10}，第 100 个数据即为 L_{50}，第 180 个数据即为 L_{90}。按下式求出等效声级 L_{eq} 及标准偏差 δ。

$$L_{eq} = L_{50} + \frac{d^2}{60}\ (\text{其中：}d = L_{10} - L_{90}) \tag{1-27}$$

$$L_{NP} = L_{eq} + d \tag{1-28}$$

$$\delta = \frac{1}{2}\sqrt{(L_{16} - L_{84})^2} \tag{1-29}$$

4. 绘制噪声分布图

根据计算所得的结果，绘制噪声分布直框图。

六、思考题

1. 在无机动车辆通过时，监测点处的本底噪声约为多少？
2. 你监测路段的噪声是否超标？
3. 请根据所学知识提出降低交通噪声污染的可行措施。

第六节　工业企业噪声排放监测

一、实验目的

(1) 了解工业企业和固定设备厂界环境噪声排放限值及其测量方法。
(2) 熟练掌握等效声级、统计声级、标准偏差的计算方法。

二、术语和定义

1. 工业企业厂界环境噪声(industrial enterprises noise)

指在工业生产活动中使用固定设备等产生的、在厂界处进行测量和控制的干扰周围生活环境的声音。

2. 厂界(boundary)

由法律文书(如土地使用证、房产证、租赁合同等)中确定的业主所拥有使用权(或所有权)的场所或建筑物边界。各种产生噪声的固定设备的厂界为其实际占地的边界。

3. 噪声敏感建筑物(noise-sensitive buildings)

指医院、学校、机关、科研单位、住宅等需要保持安静的建筑物。

4. 频发噪声（frequent noise）

指频繁发生、发生的时间和间隔有一定规律、单次持续时间较短、强度较高的噪声，如排气噪声、货物装卸噪声等。

5. 偶发噪声（sporadic noise）

指偶然发生、发生的时间和间隔无规律、单次持续时间较短、强度较高的噪声。如短促鸣笛声、工程爆破噪声等。

6. 最大声级（maximum sound level）

在规定测量时间内对频发或偶发噪声事件测得的 A 声级最大值，用 L_{max} 表示，单位dB(A)。

7. 倍频带声压级（sound pressure level in octave bands）

采用符合 GB/T 3241 规定的倍频程滤波器所测量的频带声压级，其测量带宽和中心频率成正比。本标准采用的室内噪声频谱分析倍频带中心频率为 31.5Hz、63Hz、125Hz、250Hz、500Hz，其覆盖频率范围为 22~707Hz。

8. 稳态噪声（steady noise）

在测量时间内，被测声源的声级起伏不大于 3dB 的噪声。

9. 非稳态噪声（non-steady noise）

在测量时间内，被测声源的声级起伏大于 3dB 的噪声。

10. 背景噪声（background noise）

被测量噪声源以外的声源发出的环境噪声的总和。

三、工业企业环境噪声排放限制

1. 厂界环境噪声排放限值

（1）工业企业厂界环境噪声不得超过表 1-5 规定的排放限值。

表 1-5　　　　　　　　**工业企业厂界环境噪声排放限值**　　　　　　　　单位：dB(A)

边界处声环境功能区类型	时　　　段	
	昼间	夜间
0	50	40
1	55	45
2	60	50
3	65	55
4	70	55

（2）夜间频发噪声的最大声级超过限值的幅度不得高于 10dB(A)。

（3）夜间偶发噪声的最大声级超过限值的幅度不得高于 15dB(A)。

（4）工业企业若位于未划分声环境功能区的区域，当厂界外有噪声敏感建筑物时，由当地县级以上人民政府参照 GB 3096 和 GB/T 15190 的规定确定厂界外区域的声环境质量要求，并执行相应的厂界环境噪声排放限值。

（5）当厂界与噪声敏感建筑物距离小于 1m 时，厂界环境噪声应在噪声敏感建筑物的室内测量，并将表 1-5 中相应的限值减 10dB（A）作为评价依据。

2. 结构传播固定设备室内噪声排放限值

当固定设备排放的噪声通过建筑物结构传播至噪声敏感建筑物室内时，噪声敏感建筑物室内等效声级不得超过表 1-6 和表 1-7 规定的限值。

表 1-6　　　　　　　　　结构传播固定设备室内噪声排放限值（等效声级）　　　　单位：dB（A）

时段噪声敏感建筑物环境所处功能区类别	A 类房间		B 类房间	
	昼间	夜间	昼间	夜间
0	40	30	40	30
1	40	30	45	35
2, 3, 4	45	35	50	40

说明：A 类房间是指以睡眠为主要目的，需要保证夜间安静的房间，包括住宅卧室、医院病房、宾馆客房等。B 类房间是指主要在昼间使用，需要保证思考与精神集中、正常讲话不被干扰的房间，包括学校教师、办公室、住宅中卧室以外的其他房间等。

表 1-7　　　　　　　　　结构传播固定设备室内噪声排放限值（倍频带声压级）　　　　单位：dB（A）

噪声敏感建筑所处声环境动能区类别	时段	房间类别/频率 Hz/倍频程中心	室内噪声倍频带声压级限值				
			31.5	63	125	250	500
0	昼间	A、B 类房间	76	59	48	39	34
	夜间	A、B 类房间	69	51	39	30	24
1	昼间	A 类房间	76	59	48	39	34
		B 类房间	79	63	52	44	38
	夜间	A 类房间	69	51	39	30	24
		B 类房间	72	55	43	35	29
2, 3, 4	昼间	A 类房间	79	63	52	44	38
		B 类房间	82	67	56	49	34
	夜间	A 类房间	72	55	43	35	29
		B 类房间	76	59	48	39	34

四、实验仪器、设备

声级计

五、实验方法和步骤

1. 选择合适的声级计，校准并设定测量参数

测量 35dB 以下的噪声应使用 1 型声级计，且测量范围应满足所测量噪声的需要。测量 35dB 以上的噪声可以使用 2 型声级计。

测量仪器和校准仪器应定期检定合格，并在有效使用期限内使用；每次测量前、后必须在测量现场进行声学校准，其前、后校准示值偏差不得大于 0.5dB，否则测量结果无效。

测量时传声器加防风罩。

测量仪器时间计权特性设为"F"挡，采样时间间隔不大于 1s。

2. 布设监测点位置

根据工业企业声源、周围噪声敏感建筑物的布局以及毗邻的区域类别，在工业企业厂界布设 8~10 个监测测点，其中包括距噪声敏感建筑物较近以及受被测声源影响大的位置。一般情况下，测点选在工业企业厂界外 1m、高度 1.2m 以上、距任一反射面距离不小于 1m 的位置。

室内噪声测量时，室内测量点位设在距任一反射面至少 0.5m 以上、距地面 1.2m 高度处，在受噪声影响方向的窗户开启状态下测量。

固定设备结构传声至噪声敏感建筑物室内，在噪声敏感建筑物室内测量时，测点应距任一反射面至少 0.5m 以上、距地面 1.2m、距外窗 1m 以上，窗户关闭状态下测量。被测房间内的其他可能干扰测量的声源(如电视机、空调机、排气扇以及镇流器较响的日光灯、运转时出声的时钟等)应关闭。

3. 制定监测计划

分别在昼间、夜间两个时段测量。夜间有频发、偶发噪声影响时同时测量最大声级。

被测声源是稳态噪声，采用 1min 的等效声级。

被测声源是非稳态噪声，测量被测声源有代表性时段的等效声级，必要时测量被测声源整个正常工作时段的等效声级。

4. 按照监测计划实施监测，记录监测数据

噪声测量时需做测量记录。记录内容应主要包括：被测量单位名称、地址、厂界所处声环境功能区类别、测量时气象条件、测量仪器、校准仪器、测点位置、测量时间、测量时段、仪器校准值(测前、测后)、主要声源、测量工况、示意图(厂界、声源、噪声敏感建筑物、测点等位置)、噪声测量值、背景值、测量人员、校对人、审核人等相关信息。

5. 测量结果修正

噪声测量值与背景噪声值相差大于 10dB(A)时，噪声测量值不做修正。

噪声测量值与背景噪声值相差在 3~10dB(A)时，噪声测量值与背景噪声值的差值取整后，按表 1-1 进行修正。

六、实验报告

根据实验结果撰写实验报告，将测量结果对比《工业企业厂界环境噪声排放标准》

（GB 12348—2008），对各个测点进行单独评价，最后进行综合评价。对超标位置提出整改措施或意见。

七、思考题

1. 工业企业噪声排放监测与城市区域环境噪声监测和交通噪声监测有何不同？
2. 不同声级之间的区别在哪里？

第七节　驻波管法吸声材料垂直入射吸声系数的测量

一、实验目的

加深对垂直入射吸声系数的理解，了解人耳听觉的频率范围，获得对一些频率纯音的感性认识。有关本实验详细内容和要求，请参照国家标准 GBJ 88—1985《驻波管法吸声系数与声阻抗率测量规范》。

二、实验原理

在驻波管中传播平面波的频率范围内，声波入射到管中，再从试件表面反射回来，入射波和反射波叠加后在管中形成驻波。由此形成沿驻波管长度方向声压极大值与极小值的交替分布。用试件的反射系数 r 来表示声压极大值与极小值，可写成

$$p_{\max} = p_0(1 + |r|) \tag{1-30}$$
$$p_{\min} = p_0(1 - |r|) \tag{1-31}$$

根据吸声系数的定义，吸声系数与反射系数的关系可写成

$$\alpha_0 = 1 - |r|^2 \tag{1-32}$$

定义驻波比 s 为

$$s = \frac{|p_{\min}|}{|p_{\max}|} \tag{1-33}$$

吸声系数可用驻波比表示为

$$\alpha_0 = \frac{4s}{(1+s)^2} \tag{1-34}$$

因此，只要确定声压极大值和极小值的比值，即可计算出吸声系数。如果实际测得的是声压级的极大值和极小值，计两者之差为 L_p，则根据声压和声压级之间的关系，可由式(1-35)计算吸声系数：

$$\alpha_0 = \frac{4 \times 10^{(L_p/20)}}{(1 + 10^{(L_p/20)})^2} \tag{1-35}$$

三、实验仪器

（1）AWA6122 型智能电声测试仪；
（2）AWA6122A 驻波管测试软件；

（3）待测吸声材料。

测试装置描述如下：

测量材料吸声系数用的典型驻波管系统如图1-2所示。其主要部分是一根内壁坚硬光滑、截面均匀的管子（圆管或方管），管子的一端用以安装被测试材料样品，管子的另一端为扬声器。当扬声器向管中辐射的声波频率与管子截面的几何尺寸满足式（3-7）或式（3-8）的关系时，则在管中只有沿管轴方向传播的平面波。

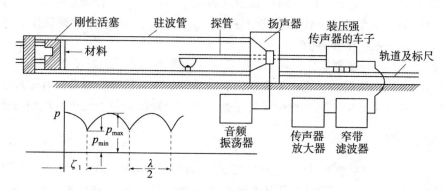

图1-2　驻波管结构及测量装置

$$f < \frac{1.84 c_0}{\pi D} \quad （圆管） \tag{1-36}$$

$$f < \frac{c_0}{2L} \quad （方管） \tag{1-37}$$

式中：D——圆管直径，m；

　　　L——方管边长，m；

　　　c_0——空气中声速，m/s。

平面声波传播到材料表面被反射回来，这样入射声波与反射声波在管中叠加而形成驻波声场。从材料表面位置开始，管中出现了声压极大值和极小值的交替分布。利用可移动的探管（传声器）接收管中驻波声场的声压，即可通过测试仪器测出声压级极大值与极小值的差L_p，或声压极小值与极大值的比值即驻波比S，即可根据式（3-5）或式（3-6）计算垂直入射吸声系数。

为在管中获得平面波，驻波管测量所采用的声信号为单频信号，但扬声器辐射声波中包含了高次谐波分量，因此在接收端必须进行滤波才能去掉不必要的高次谐波成分。由于要满足在管中传播的声波为平面波以及必要的声压极大值、极小值的数目，常设计有低、中、高频三种尺寸和长度的驻波管，分别适用于不同的频率范围。

四、实验步骤

利用驻波管测试材料垂直入射吸声系数的步骤如下：

（1）将固定驻波管的滑块移到最远处。

（2）移动仪器屏幕上的光标，到所要测量频率的第一个峰值处，缓慢移动固定驻波管的滑块，同时读取光标位置显示的声压级，将滑块停在声压级为一个极大值的位置。此位置即为峰值位置，输入此时滑块所在位置的刻度。

（3）移动仪器屏幕上的光标，到所要测量的频率第一个谷值处，缓慢移动固定驻波管的滑块，同时读取光标位置显示的声压级，将滑块停在声压级为一个极小值的位置。此位置即为谷值位置，输入此时滑块所在位置的刻度。

（4）移动仪器屏幕上的光标，到所要测量的频率第二个峰值位置、第二个谷值位置，或到所要测量的第三个峰值位置、第三个谷值位置，重复（2），（3）步骤操作。可以测量到第二个峰谷值和第三个峰谷值。

（5）重复（1）~（4）步骤操作，可以测量到各个频率点的声压级峰谷值。

注意事项：测过数据后，光标不要返回，驻波管的瞬时数据会覆盖原有记录数据；由于扬声器密封性能不是特别好，故标尺首尾数据不要记录，避免因漏声造成的测量误差。

五、数据处理

材料垂直入射吸声系数测试结果报告中，应包含被测材料的参数（如名称、厚度、密度等）、试件安装情况（是否留有空腔）等基本描述。测试结果以表格和曲线图形式表示。表格中表明测试的各1/3倍频程中心频率及其对应的吸声系数。曲线图的纵坐标表示吸声系数，坐标范围为0~1.0，间隔取0.2。横坐标表示测试的频率，取1/3倍频程的中心频率。

六、实验结果讨论

在本实验中，可以借助单频信号发生器和扬声器，聆听各种频率的纯音信号的特征，声波频率升高以及降低时，声音的变化特征。认识人耳听音的频率范围的概念。

根据实验结果撰写实验报告，包括实验目的、原理、内容、总结。

七、思考题

1. 不同吸声材料的吸声机理是什么？
2. 吸声系数的测量除了驻波管法外，还有什么方法？

第八节　混响室法吸声材料无规入射吸声系数的测量

一、实验目的

驻波管法测得的吸声系数仅反映了声波垂直入射到材料表面的声吸收，但实际使用中声波入射到材料表面的方向是随机的。因此，通过此实验，要了解实际工程应用中常常采用的混响室法测量材料无规入射吸声系数的方法。

二、实验原理

声源在封闭空间启动后，就产生混响声，而在声源停止发声后，室内空间的混响声逐渐衰减，声压级衰减 60dB 的时间定义为混响时间。当房间的体积确定后，混响时间的长短与房间内的吸声能力有关。根据这一关系，吸声材料或物体的无规入射吸声系数就可以通过测量在混响室内的混响时间来确定。

在混响室中未安装吸声材料前，空室时总的吸声量 A_1 表示为

$$A_1 = \frac{55.3V}{c_1 T_1} + 4m_1 V \tag{1-38}$$

在安装了面积为 S 的吸声材料后，总的吸声量 A_2 可表示为

$$A_2 = \frac{55.3V}{c_2 T_2} + 4m_2 V \tag{1-39}$$

式中：A_1，A_2——空室时和安装材料后室内总的吸声量，m^2；

T_1，T_2——安装材料前后混响室的混响时间，s；

V——混响室体积，m^3；

c_1，c_2——安装材料前后测量时的声速，m/s；

m_1，m_2——安装材料前后室内空气吸收衰减系数。

如果两次测量的时间间隔比较短或室内温度及湿度相差较小，可近似认为 $c_2 = c_1 = c$，$m_2 = m_1 = m$。由此计算出被测试件的无规入射吸声系数 α_s 为

$$\alpha_s = \frac{55.3V}{cS}\left(\frac{1}{T_2} - \frac{1}{T_1}\right) \tag{1-40}$$

式中：S——被测试件面积，m^2。

三、实验仪器

（1）AWA6290A 型多通道噪声；

（2）振动频谱分析仪；

（3）AWA 吸声系数测量软件包；

（4）待测吸声材料。

测试混响时间的实验系统如图 1-3 所示。

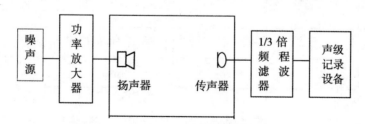

图 1-3　测试混响时间的实验系统示意图

混响室应具有光滑坚硬的内壁，其无规入射吸声系数应尽量地小，其壁面常用瓷砖、水磨石、大理石等材料。混响室要具有良好的隔声和隔振性能。按标准要求，混响室体积应大于 $200m^3$。

四、实验步骤

(1)安装测试系统,测试空室混响时间。

(2)将测试传声器放置在第一个测点,打开信号源并调整到所需测试的频率范围,调整功率放大器使得在室内获得足够声级。

(3)在室内建立稳态声场所需的时间大致与室内的混响时间接近。选择测量系统工具栏中的录音功能,系统会自动在录音结束后关闭声源。然后选择混响时间,系统会自动显示室内声压级衰减过程,得到衰减曲线并由此确定混响时间。

(4)多次重复以上第(3)步过程,获得同一测点的多次混响时间测量结果。

(5)改变信号源频率,重复第(2)~(4)步过程,获得不同测点在不同频率下的混响时间。

(6)将各测点在不同频率下各次测得的混响时间进行算术平均,作为各频带空室的平均混响时间 T_1。

(7)将被测试件安装到混响室中,重复以上第(2)~(6)步过程,得到装入材料后的各频带的平均混响时间 T_2。

(8)根据混响室体积和测试件面积,计算无规入射吸声系数。

五、数据处理

表1-8和1-9中,A、B、C、D 代表混响室中四处不同地点。
声源:
(1)空室状态下 T_{60} =
(2)放入吸声材料

表1-8

频率(Hz)	平均混响时间(s)				算术平均值
	A 点	B 点	C 点	D 点	
125					
250					
500					
1000					
2000					
4000					

(3)吸声系数计算

表 1-9

频率(Hz)	125	250	500	1000	2000	4000
吸声系数						

(4)实验截图

声衰减曲线，混响时间频率特性曲线，吸声系数频率特性曲线。

六、实验报告

每人需要完成实验报告一份，包括实验目的、原理、内容、数据分析及处理和总结。

七、思考题

1. 为什么在室内建立稳态声扬时间要和室内的混响时间接近？
2. 无规入射吸声系数除了用混响室法外，还有什么别的方法？
3. 混响室法的机理是什么？

第二章 放射性监测实验

第一节 衰变涨落的统计规律

一、实验目的

(1)加深对放射性衰变涨落性的理解。
(2)了解统计误差的意义,掌握计算统计误差的方法。
(3)掌握统计检验放射性衰变涨落的概率分布类型。
(4)学会用列表法和作图法表示实验结果。

二、实验原理

1. 放射性衰变涨落的统计规律

放射性物质由大量的放射性原子所组成。其中的原子核在什么时候、哪一个或哪几个核衰变是完全独立的、随机的,也是不可预测的,也就是说,放射性核衰变纯属偶然性的。核衰变现象是一种随机现象。因此,在完全相同的实验条件下(如放射性源的半衰期足够长;在实验时间内可以认为其活度基本上没有变化;源与计数管的相对位置始终保持不变;每次测量的时间不变;测量时间足够精确,不会产生其他误差),重复测量放射源的计数,其值是不完全相同的,而且是围绕某一个计数值上下涨落,涨落较大的情况只是极小的可能性。这种现象称为放射性涨落,它是由核衰变的随机性引起的。

由概率统计理论可知,随机现象可用伯努利试验来研究。已有的研究已经证明,当放射性原子核的数目较多时,其衰变产生的计数分布(也即核衰变数分布)服从泊松分布。

$$P(N) = \frac{(\overline{N})^N}{N!} e^{-\overline{n}} (0 < \overline{N} < 20) \tag{2-1}$$

或正态分布:

$$P(N) = \frac{1}{\sigma \sqrt{2\pi}} e^{-\frac{(N-\overline{N})^2}{2\sigma^2}} \qquad (\overline{N} > 20) \tag{2-2}$$

式中:$\overline{N}$,σ——计数的平均值和均方差;

N——相等时间间隔内单次测量的计数;

$P(N)$——计数为 N 的概率。

应当指出,当 $\overline{N}$ 值较大时,由于 N 值出现在期望值附近的概率也较大,此时均方差:

$$\sigma = \sqrt{\overline{N}} \cong \sqrt{N} \tag{2-3}$$

σ 的大小反映了计数的涨落性大小，也即反映了核衰变的涨落性大小。$\bar{N}$ 的大小反映了核衰变的集中趋势。单次测量计数 N 及统计误差(用均方差 σ 表示)与平均值之间的关系可用式(2-3)表示。

放射性衰变涨落服从泊松分布或正态分布是一客观规律。若辐射仪器能正确地反映出这个规律，说明仪器的性能良好，可使用于放射性测量工作。

2. χ^2 检验

从数学上可以证明，一定条件下放射性衰变的涨落性符合泊松分布或正态分布，但是它需要用实际测量结果验证。验证方法是将实测数据的分布与数学上导出的理论分布进行比较，作统计假设检验。假设检验方法参见相关资料。

三、实验设备装置

(1)点状 γ 放射源(^{60}Co 或 ^{137}Cs 源)1 个。

(2)FD-3013 型数字 γ 辐射仪 1 台或其他类型的辐射仪(RM-2030)。

四、实验内容

(1)相同实验条件下，多次重复测量某放射源的计数。

(2)相同测量条件下，重复测量装置的放射性本底(计数)。

(3)用列表法和作图法表示实验结果：列出频数、频率统计表；绘制放射源和本底计数的频数、频率和累计频率曲线图。

(4)作 χ^2 检验，确定放射源和本底计数的概率分布类型。

五、实验步骤

(1)准备并放置好实验设备。

(2)检查仪器，并置于正常工作状态，对于 FD-3013 型数字 γ 辐射仪置"cps"挡。对于 RM-2030 型数字 γ 辐射仪亦如此。

(3)连续重复测量装置的本底计数(N)100 次以上。

(4)连续测量 γ 放射源的计数(N)100 次以上。

六、编写实验报告

(1)将实测计数 N 的结果分组、列表、制图。

①分组：一般为 5~10 组；不大于 15~20 组；每组至少 5 个测量数据，通常采用等组距分组。组距(l)：

$$l = \frac{上界 - 下界}{分组数\ m}(取整) \tag{2-4}$$

式中：上界和下界分别为最大计数与最小计数，分组数 m 是根据数据多少确定的，数据多时 m 大些，数据少时 m 小些。

②计算实测计数 N 的频数、频率累积频率，结果列于表 2-1 中。

表 2-1   **实测频数、频率分布表**

计数分组间隔	频数 f_i^*	频率 f_i	累积频率 F_i	备注

③绘制实测计数 N 的频率直方图及频率分布曲线，如图 2-1 所示。

④绘制实测计数 N 的累积频率曲线，如图 2-2 所示。

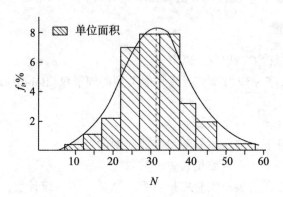

图 2-1   频率直方图及其频率分布曲线

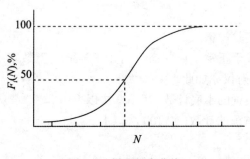

图 2-2   累积频率曲线

（2）视曲线形状和特点，选择概率分布模型，作 χ^2 检验。检验时计算表 2-2 的内容，并说明假设检验结论及其物理意义。

（3）使用均方误差公式 $\sqrt{N}$ 和 $S = \sqrt{\sum_{i=1}^{m} f_i \left(N_i - \overline{N} \right)^2}$（式中 N_i 为第 i 组组中值）以及使用正态概率格纸作展直线，求出均方误差，并比较说明其差异原因。

（4）说明 $\sqrt{N}$ 的物理意义。

表 2-2   **χ^2 检验表**

计数分组间隔	实测频数 $f_i{}^*$	理论频率 P_i	理论频数 $F^* P_i$	$(f_i{}^* - F^* P_i)^2 / F^* P_i$

表中，$F^* = \sum\limits_{i=1}^{m} f_i{}^*$　称总频数。

七、思考题

1. 什么叫放射性衰变涨落？它服从什么规律？如何检验？

2. σ 的物理意义是什么？以单次测量值 N 表示放射性测量结果时，为什么是 $N \pm \overline{N}$，其物理意义是什么？

3. 用单次测量结果与多次测量结果表示放射性测量结果时，哪一种方法的精确度高，为什么？

4. 为什么使用放射性的概率分布可以检查辐射仪的性能？

5. 对实验结果检查时，如何正确选择概率分布类型？

第二节　物质对 γ 射线的吸收

一、实验目的

(1)加深理解 γ 射线在物质中的吸收规律。

(2)掌握测量 γ 射线在几种不同物质中的有效(线)吸收系数和有效质量吸收系数。

(3)学会用曲线斜率、半吸收厚度以及使用最小二乘法拟合实测曲线的方法，求出有效(线)吸收系数和质量吸收系数。

二、实验原理

射线通过物质时，会因光电效应、康普顿效应和电子对效应消耗其能量和数量，使 γ 射线的强度减弱，这种现象称为 γ 射线的吸收。对于 γ 射线，其吸收呈指数规律减弱。γ 射线的强度可由式(2-5)计算如下：

$$I = I_0 e^{-\overline{\mu} d} \tag{2-5}$$

式中：I_0——γ 射线穿过吸收物质前的射线强度；

I——γ 射线穿过吸收物质后的射线强度；

$\overline{\mu}$——吸收物质的有效(线)吸收系数，cm^{-1}；

d——吸收物质的厚度，cm。

式(2-5)中 $\bar{\mu}$ 的大小反映了物质吸收 γ 射线的能力，对上式两边取自然对数后得：

$$\bar{\mu} = \frac{\ln I - \ln I_0}{d} \qquad (2-6)$$

由式(2-6)可见，曲线的斜率即为有效(线)吸收系数。

使射线强度减弱一半的物质厚度，称为"半吸收厚度"。即

$$I = \frac{1}{2}I_0 \ \text{时}, \ d_{1/2} = \frac{\ln 2}{\bar{\mu}} \qquad (2-7)$$

与此同时，$\mu_m = \dfrac{\bar{\mu}}{\rho}$ \qquad (2-8)

式中：μ_m——有效质量吸收系数。

三、实验设备

(1)5 号镭源一个；

(2)FD-3013 型数字辐射仪一台；

(3)带中心孔的铅板若干块(准直器一个)；

(4)作为吸收屏用的水泥(瓷砖)、铜板、铁板、铝板、铅板、大理石、塑料板若干块。这些物质的规格需用游标卡尺测定。

四、实验步骤

(1)按要求放置实验装置，并检查仪器使之处于正常状态。

(2)调整装置，使放射源、准直器、探测器中心处于同一轴心上。

(3)分别测量准直器在无源无屏时仪器底数(I_0)3 次。

(4)测量准直器中有源无屏时仪器读数(I_{max})3 次。

(5)测量 7 种不同屏的 γ 射线吸收曲线，至仪器读数随各种物质的厚度增加几乎不变为止。在每个厚度时读数 3 次。按下列表格形式记录。

表 2-3

厚度(mm)		1		3		8		n	
读数									

依次测量完 7 种吸收屏至仪器读数几乎不变，记录厚度与读数。

(6)测量完上述 7 种屏的 γ 射线吸收曲线后，再重复测量 3 次 I_0 和 I_{max} ，最后取前后两次测得的 I_0 和 I_{max} 的平均值进行下面计算。

五、实验报告编写

(1)将上述所测数据进行整理并填入表 2-4 中。

表 2-4　　　　　　　　　　　　　　　　**实验记录表**

屏材料	厚度(cm)	读数 I	减本底数($I-I_0$)	$\ln(I-I_0)$

(2)根据上表数据作 $\ln(I-I_0) \sim d$ 关系图(用厘米纸),在曲线上求出 $d_{1/2}$,带入公式(2-7)和公式(2-8),分别求出 $\bar{\mu}$ 和 μ_m。

(3)将上表数据中的厚度和 $\ln(I-I_0)$ 成对地输入计算器内,用最小二乘法拟合出一条直线 $Y=Bd+A$。直线中的 A、B 都能从计算器中直接得到,其中 B 为该直线的斜率,即 $\bar{\mu}$。

(4)将上述 2 种方法所求出的 $\bar{\mu}$ 和 μ_m 列于表 2-5 中进行比较。

表 2-5　　　　　　　　　　　　　两种方法计算的 $\bar{\mu}$ 和 μ_m 比较

		铁	铜	铅	铝
半吸收厚度法	$\bar{\mu}$				
	μ_m				
最小二乘法	$\bar{\mu}$				
	μ_m				

六、思考题

1. 窄束与宽束射线的主要区别是什么?其在物质中的衰减规律有何不同?
2. 有效(线)吸收系数与哪些因素有关?为什么?

第三节　放射性核素的衰变规律及半衰期的测定

一、实验目的

(1)掌握放射性核素半衰期的测定方法。
(2)验证单个放射性核素的衰变规律。
(3)用曲线斜率法、图解法和最小二乘拟合直线法,求出 Th 射气和 RaA 的半衰期。

二、实验原理

每种放射性核素都有确定的半衰期,利用和了解这一特征以鉴别放射性核素。单一放射性核素衰变呈负指数规律，其产生的仪器计数率随时间 T 的变化也呈指数减少。

数学表达式为

$$n_t = n_0 e^{-\lambda t} \qquad (2-9)$$

当其衰减一半时，对上式取自然对数则为

$$\lambda = \frac{\ln 2}{T} \qquad (2-10)$$

由此可见求出了 λ 即可求得 $T_{1/2}$。

三、实验设备

(1)FH-463 型定标器一台；

(2)FD-125 氡钍分析器 1 台，FD-3017RaA 测氡仪 1 台；

(3)钍射气源 1 个，液体镭源 1 个；

(4)双链球 1 个；

(5)止气夹、玻璃管若干。

四、实验步骤

(1)检查 FD-125 氡钍分析器和 FH-463 型定标器的工作状态，检查其自检与工作两种状态，使其处于正常状态。

(2)按实验要求连接实验装置，并测量仪器本底。

(3)打开止气夹，均匀鼓动双连球将 Th 射气送入闪烁室，待 Th 射气均匀地布满闪烁时开始读数(即读数趋于稳定时)。注意：读数一开始即停止鼓气，直接读数，并将结果记录于表 2-6。

表 2-6   **Th 射气衰减结果记录表**

时间 t(s)	0	1	2	3	4	5	6	7	8	9	10	...
读数 n												
$\ln(n)$												

(4)RaA 半衰期的测定。

①首先检查 FD-3017 仪器，使其处于正常工作状态。

②按实验要求连接实验装置，注意切勿将液体镭源的进气、出气口接反。

③将取样片光面朝下装入抽筒中。

④将定时拨至 0.5min，高压定时拨至 2min。

⑤提拉抽筒最高至 1.5L。

⑥待高压报警后，在 15s 内将取样片从抽筒中取出，光面朝上的放入测量盒内，等待测量读数，读数结果记入表 2-7。

时间 $t(s)$	0	1	2	3	4	5	6	7	8	9	10	...
读数 n												
$\ln(n)$												

表 2-7　　　　　　　　　　　　　**RaA 衰减结果记录表**

五、实验报告编写

（1）根据上述方法测得表中数据作图（见图 2-3 和 2-4）。

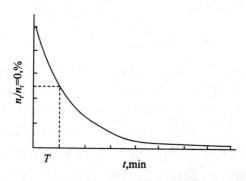

图 2-3　直接从曲线上即可求出半衰期 $T_{1/2}$ 的值

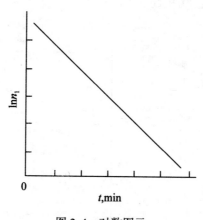

图 2-4　对数图示

（2）将 t 与 $\ln(n)$ 成对数据输入计算器内，用最小二乘法拟合法拟合直线。

$$y = Bx + A \quad 其中 \ B = -\lambda \quad \lambda = -B \quad T_{1/2} = \ln2/\lambda$$

（3）根据上述两种不同方法所求得的 $T_{1/2}$ 进行比较。（具体过程可参考第二章第三节）。

六、思考题

比较两种方法求出的半衰期值，说明其产生差异的原因。

第四节　α能谱的认识

一、实验目的

(1)熟悉使用α探测器。
(2)掌握α能谱的分析原理。

二、实验原理

α粒子在探测器中因电离等效应而产生电流脉冲，其幅度与α粒子能量成正比。以α粒子的能量(即脉冲幅度)为横坐标，某个能量段内α粒子数(或计数率)为纵坐标，即可显示样品中各单个核素发射α粒子的能量与活度。理论上，单能α粒子谱是线状谱，应是位于相应能量点处垂直于横坐标轴的单一直线，但由于α粒子入射方向、空气吸收、样品源自吸收的差异和低能粒子的叠加等原因，实际测得的是具有一定宽度的单个峰，其峰顶位置相应于α粒子的能量，谱线以下的面积为相应能量的α粒子的总计数率，峰的半高宽与峰顶能量比值的百分数则为α谱仪的能量分辨率。

α粒子与物质的主要形式是电离、激发，引起α射线能量损失，强度衰减。图2-5和图2-6分别为一未知α源在空气和真空中的谱形。

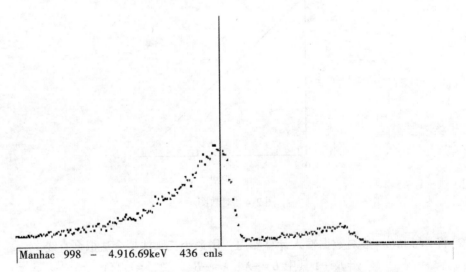

Manhac 998 － 4.916.69keV　436 cnls

图2-5　一未知α源在空气中的谱形(源与探头距离约2mm)

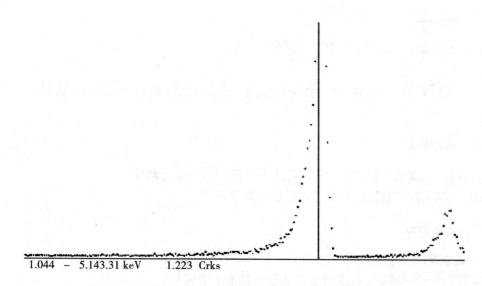

1.044　–　5.143.31 keV　　1.223　Crks

图 2-6　同一未知 α 源在真空中的谱形（源与探头距离约 2mm）

三、实验内容

（1）测量^{241}Amα 源在 α 探测器中的谱型。

（2）测量^{241}Amα 源通过物质时的行为。

（3）通过对标准源如（^{241}Am 源）的刻度，可测量样品 α 能量，从而判断 α 放射性核素。

四、实验装置

（1）^{241}Amα 源；

（2）ORTEC　α 探测器；

（3）一未知 α 源。

五、实验步骤

（1）用^{241}Amα 源刻度 α 探测器；

（2）测量^{241}Amα 源蒙上一层薄膜的 α 谱型；

（3）分别在空气及真空中定性测量 α 放射性样品。

六、编写实验报告

（1）打印^{241}Amα 源在真空中的谱型并解释图谱；

（2）分别打印未知 α 源在空气中与真空中的谱型并根据真空中的谱型判断 α 放射性核素。

七、思考题

α 能谱测量为什么最好在真空中进行？

第五节　氡及其子体的放射性活度随时间的变化规律

一、实验目的

(1)学会测量氡及其子体的放射性活度 A 随时间的变化规律。
(2)掌握不饱和修正系数和增长系数的测定方法。

二、实验原理

1. 氡浓度的测量原理

氡引入密封容器后，作为母元素的氡将按如下系列衰变：

$$^{222}\text{Rn(Rn)} \xrightarrow[3.825\text{d}]{\alpha(5.49)} {}^{218}\text{Po(RaA)} \xrightarrow[3.05\text{min}]{\alpha(6.00)} {}^{214}\text{Pb(RaB)} \xrightarrow[26.8\text{min}]{\beta.\,\gamma} {}^{214}\text{Bi(RaC)} \xrightarrow[19.7\text{min}]{\alpha(2.68)}$$

$$(2\text{-}11)$$

系列中，横线上面圆括号内数字表示 α 粒子的能量（单位为 MeV），横线下面有时间单位的数字是相应元素的半衰期。由于 $^{214}\text{Po(RaC}')$ 的半衰期很短（$T=1.64\text{s}$），因而它始终与 $^{214}\text{Bi(RaC)}$ 处于放射性平衡状态。

由于氡及其子体释放的 α 粒子会使 ZnS(Ag) 晶体中的分子或原子激发产生闪光，而且单位时间内闪光数量越多，说明其放射性活度越大，α 粒子越多，于是测量这些闪光产生的电脉冲数量就可以确定氡气的浓度。计算公式为

$$C_{\text{Rn}} = J_{\text{a}}(n-n_0)B(t) \qquad (2\text{-}12)$$

式中，n——单位时间记录的脉冲数，脉冲/min；

n_0——单位时间记录的装置本底脉冲数，脉冲/min；

J_{a}——射气仪换算系数，$(\text{Bq/l})/(\text{脉冲/min})$，它表示每分钟产生一个脉冲相当的氡浓度；

$B(t)$——Rn 子体在积累时间 t 时的不饱和修正系数，其意义将在后面叙述。

氡及其子体的放射性还可以使空气产生电离，且电离电流的大小正比于氡气浓度。因此使用 FD-105 型静电计测量氡浓度时，只要把(2-12)式中 n 和 n_0 分别看做总电离电流（格/min）和本底电流（格/min），把 J_{a} 看做电离电流是静电计的石英丝每分钟偏转一格相当的氡浓度(Bq/l)/(格/min)即可。

由(2-12)式可知，若已知换算系数 J_{a} 和不饱和修正系数 $B(t)$，即可计算出氡的浓度。本实验不讨论 J_{a} 的测量（J_{a} 的测量可参见第二章第六节），这里仅介绍如何测定不饱和修正系数 $B(t)$ 和增长系数 $P(t)$。

2. 不饱和修正系数 $B(t)$ 和增长系数 $P(t)$ 的测量

氡及其子体的 α 放射性活度 A 随时间的变化曲线与其不饱和的修正系数和增长系数

的测量如下。

测量时，先把已知镭含量的液体源生成的氡气瞬时引入涂有 ZnS(Ag) 的闪烁室内，则 ^{222}Rn 及其短寿子体 ^{218}Po(RaA) 和 ^{214}Pb(RaC) 不停地衰变放出 α 粒子，使闪烁室壁上的 ZnS(Ag) 激活产生闪光。随着时间 t 的增加，^{222}Rn 子体数量增加，其放射性活度 A 也增加，4h 以后各短寿子体与 ^{222}Rn 达到放射性平衡，活度 A 达到最大值，且趋于稳定，如图 2-7 所示。在放射性平衡条件下进行测量时，极易得到氡浓度的准确值。

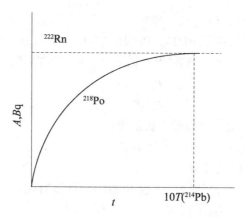

图 2-7 氡累积的理论曲线

图 2-7 表明，氡被密封 4h 后，氡与其子体的活度出现如下关系：

$$A(^{222}\text{Rn}) = A(^{218}\text{Po}) = A(^{214}\text{Pb}) \qquad (2\text{-}13)$$

式 (2-13) 说明，^{222}Rn(Rn)、^{218}Po(RaA)、^{214}Pb(RaC) 在 4h 以后其活度相等，它们之间达到了放射性平衡，此时，^{222}Rn 产生的脉冲数仅为一起总计数的三分之一。

根据单个放射性元素衰变规律，4h 之内氡自身衰变掉的比例为

$$\frac{\text{Rn}(t=0) - \text{Rn}(t=4\text{h})}{\text{Rn}(t=0)} = 1 - \frac{\text{Rn}(t=4\text{h})}{\text{Rn}(t=0)} = 1 - e^{-\lambda_{\text{Rn}}t} = 1 - e^{-2.1\times10^{-6}\times240} \approx 3\%$$

$$(2\text{-}14)$$

3% 是理论值，实际上略小于 3%。

由于氡产生的脉冲数正比于其浓度，故起始（瞬时引入）的氡浓度产生的脉冲数为

$$n(t=0) = \frac{n(t=4\text{h})}{3(1-3\%)} \qquad (2\text{-}15)$$

由此可求出氡在零分零秒时产生的脉冲数。

若瞬时引氡至闪烁室后立即测量，直到 4h 氡与其短寿子体达到放射性平衡为止，这段时间内 ^{222}Rn 浓度仅衰变掉 3%，但是其子体却不断地积累，因此仪器知识的读数不断地增加，4h 以后趋于稳定值，记做 $n(4\text{h})$，它与 4h 之内任意时间读数 $n(t)$ 之比为

$$B(t) = \frac{n(t)}{n(4\text{h})} \qquad (2\text{-}16)$$

称不饱和修正系数。当 $t>4\text{h}$ 时，$B(t)$ 趋于 1。

(2-16)式表明，$B(t)$ 是一个随时间变化的函数，若在室内测知 $B(t)$，则根据 $n(4h)$ 可求得任意时间的计数 $n(t)$。

在实际工作中，由于野外测量时间与仪器标定的时间长短不一致，所以读数就不同，因此测量结果不便对比。为取得统一对比的基础，任意时间的读数需统一到零分零秒的读数，记作 $n(0)$，此时，比值：

$$P(t) = \frac{n(t)}{n(0)} \tag{2-17}$$

称为增长系数。当 $t>4h$ 时，$P(t)$ 趋于稳定。

如果欲得到零分零秒的读数 $n(0)$，可根据 (2-15) 式得出。但是在实际工作中，使用循环法测氡浓度时，需考虑增长系数 $P(t)$ 的影响，此时实测氡浓度为

$$c_{Rn} = \frac{P_t(标)}{P_t(测)} \cdot J_a \cdot n(t) \tag{2-18}$$

式中：$P_t(标)$——标定时间内计数的增长系数；

$P_t(测)$——实测时间内计数的增长系数；

$n(t)$——实测时间 t 内的计数。

测定不饱和修正系数 $B(t)$ 和增长系数 $P(t)$ 时，读数时间可选择表2-8中所列时间。

表 2-8　　　　　　　　　　　　　读数时间分配

时间分配(min)	每个读数时间间隔
0~1	每隔 6s 读 1 个数(连续 10 个，然后每相邻两个读数取平均值作为 $n(t)$)
1~5	每隔 10s 读一个数，作为 $n(t)$
5~240	每隔 5min 读一个数，作为 $n(t)$

测得任意时间的 $n(t)$ 后，可作出 $n(t)\sim t$ 关系曲线，即为氡及其子体的积累随时间 t 的放射活度变化曲线。由 (2-15) 式 ~ (2-17) 式可分别得到 $n(0)$，$B(t)$，$P(t)$ 值以及 $B(t)\sim t$，$P(t)\sim t$ 关系曲线。

三、实验内容

(1)测量氡及其子体的 α 放射性随时间变化的饱和曲线。

(2)计算不饱和修正系数 $B(t)$ 和增长系数 $P(t)$，并绘制 $B(t)$ 和 $P(t)$ 值表以及相应的曲线。

四、实验设备

(1)FD-125 型室内氡钍分析器 1 台；

(2)液体镭源 1 个($n\times10^{-8}$g)；

(3)真空泵 1 台；

(4)FH-463 型定标器 1 台；

(5)秒表1只；

(6)玻璃球干燥器1个；

(7)玻璃开关4只；

(8)橡皮管若干(尽量短些,以减少吸附)；

(9)自己设计记录表格1张,标准计算纸1张。

五、实验步骤

(1)检查FH-463型定标器工作状态。FH-463型定标器接通电源后,预热5min,检查其自检与工作两种状态,使仪器处于工作正常状态。

(2)将闪烁室抽成真空。使用真空泵将闪烁室抽成真空,应注意从FD-125氡钍分析器支架上取下闪烁室时,探头要旋至避光位置。

(3)置真空闪烁室于探测器上,然后连接实验装置。

(4)检查连接系统。

(5)施加适当高压于探测器(以探测器上表明的高压值为准)。

(6)测量闪烁室底数。置仪器于"自动"工作状态,时间选择于"100×1"s位置,启动"复位"、"计数"开关,若两次读数平均值大于10个脉冲,则更换闪烁室。重复(2)~(5)步骤,直到平均值小于10个脉冲为止。

(7)向闪烁室引入氡气。依次开启K_3,拧开K_2,使液体镭源中积累的部分氡气进入闪烁室。当气泡明显减少时,再缓缓打开K_4,使送气速度加快(即气泡增多)。自开启K_4算起,启动秒表到10s就立即关闭K_2结束送气(同时关闭K_3、K_4)。

(8)从20s开始,启动FH-463定标器计数。

FH-463定标器的第一个读数作为$n(0)$,以后的读数时间按表2-8分配,记录格式自定。

(9)连续测量4h后,分别排除闪烁室和液体镭源扩散器中的残留氡气,然后封闭液体镭源,并记录封闭时间,以作为下次测量时氡气的积累起始时间。

六、编写实验报告

编写实验报告的主要内容有:

(1)以$n(t)$(脉冲/min)为纵轴,t(min)为横轴构成直角坐标,绘制氡及其子体的α放射性的计数随时间变化的饱和曲线。

(2)编制$B(t)$值表(学生自己设计列表格式)。

(3)以$B(t)$为纵轴,t(min)为横轴构成直角坐标系,绘制$B(t) \sim t$曲线。

(4)编制$P(t)$值表,绘制$P(t) \sim t$曲线。

(5)解释并分析$B(t) \sim t$,$P(t) \sim t$曲线。

七、思考题

1. $P(t) \sim t$关系理论曲线与实验曲线有何差异?原因何在?

2. 测量Rn浓度时,为什么要作增长系数的修正?

3. ^{220}Rn(Th)引入密闭容器后，α放射性随时间的变化规律如何？为什么？

4. 短时间内 Rn 衰变的子体^{218}Po、^{214}Pb 带哪种电荷？为什么？

5. 当闪烁室内氡与其子体达到放射性平衡后，将氡排净，室壁上沉淀了哪些核素，随时间增长其变化规律如何？

第六节　氡仪的标定

一、实验目的

(1) 熟悉氡仪的一般标定原理和方法。
(2) 掌握使用液体镭源标定 FD-3017 型测氡仪的方法。

二、实验原理

目前，测氡装置有电离室型、闪烁室型、金硅面垒半导体型和固体径迹探测器等四种类型。无论哪一种都是依据一定时间内氡或其子体辐射出 α 粒子使探测器产生的计数（或电离电流强度或 α 径迹密度）正比于氡浓度这一道理制造的，所以由 α 粒子的计数可直接计算氡浓度：

$$c_{Rn} = J_a \times n \qquad (2\text{-}19)$$

式中：n——单位时间内仪器的计数（已减去底数），计数/单位时间；

J_a——测氡仪的换算系数，（Bq/l）/cpm；

c_{Rn}——氡浓度，Bq/l。

标定测氡仪的目的，就是测量其换算系数 J_a，使上述关系式确定。由(2-18)式得：

$$J_a = c_{Rn}/n \qquad (2\text{-}20)$$

J_a 决定于抽气系统的氡收集效率和探测器测量效率。因此，不同仪器其换算系数不同。为进行测量结果的对比，需使用已知氡浓度的标准源（液体的、固体的或氡室）统一标定测氡仪。

由(2-20)式可知，若 c_{Rn} 已知，则 J_a 可确定，它表示单位时间内产生一个计数。换算系数 J_a 的测量方法有循环法、累积法和真空法三种，分别用于标定不同类型的测氡仪。

(一) 循环法

1. 采用氡室的循环法标定

循环法的标定系统如图 2-8 所示。标定时按图 2-8 连接各设备，然后打开各个开关，再鼓动双链球约为 5~10min，每分钟 60~80 次，使氡室的氡均匀分布于整个系统，接着关闭探测器开关进行连续读数，每分钟 1 个，读 5~10 个数，最后取均值 $\bar{n}$ 参加计算 J_a。

由于氡室中氡浓度是已知饱和浓度 c_{Rn}，故测氡仪的换算系数：

$$J_a = c_{Rn}/\bar{n}, \quad (Bq/l)/cpm \qquad (2\text{-}21)$$

2. 采用液体镭源的循环法标定

将图 2-8 中氡室换成液体镭源即构成该法的标定系统，如图 2-9 所示。连接时切忌将液体镭源扩散器的送气方向接反。由于鼓气和读数时间以及标定方法与采用氡室标定法相同，所以不再讲述。此时测氡仪换算系数：

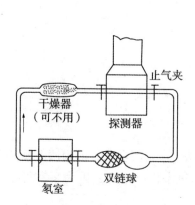 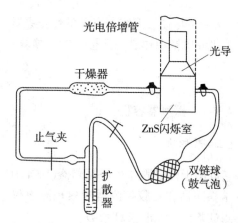

图 2-8　循环法标定系统的连接示意图(氡室)　　图 2-9　循环法标定系统的连接示意图(接液体镭源)

$$J_a = \frac{Q_{Ra}(1 - e^{-\lambda_{Rn}t})}{\bar{n} \cdot V_{总}} \qquad (2-22)$$

式中：Q_{Ra}——液体标准源的镭含量，Bq；

$\quad\ V_{总}$——氡循环系统的总容积；

$\quad\ \bar{n}$——多次读数平均值。

需指出：

(1)采用液体镭源的循环标定法测定换算系数时，必须注意鼓气时间和读数时间长短的影响，时间越长，氡的子体 ^{218}Po、^{214}Pb 越多，α 粒子产生的计数越多，致使换算系数减小，所以换算系数会受到测量时间的影响。

(2)标定 FD-3016 型闪烁测氡仪时，双链球可用 TDB-1 脱气电动泵代替，以构成薄漠泵-电动循环标定法。此时，(2-22)式中，平均读数 $\bar{n}$ 需用 t 个计数的和参与计算：

$$N = \sum_{i=1}^{t} n_t \qquad (2-23)$$

式中：t——测量时间，min。

(3)实际中，野外测量时间(氡进入探测器时间与读数时间之和)不等于标定时间(鼓气时间与读数时间之和)。因此，实际计算被测空间的氡浓度时，必须考虑二者的时间差异。为解决这一问题，实测氡浓度的计算应使用下式：

$$c_{Rn} = \frac{P_t(标)}{P_t(测)} \cdot J_a \cdot \bar{n} \qquad (2-24)$$

式中：$P_t(标)$——标定时间内计数增长系数；

$\quad\ P_t(测)$——实测时间内计数增长系数。

(二)真空法

若将双链球去掉即构成测氡仪的真空法标定系统。标定时，首先用真空泵将探测器抽

真空，打开止气夹，则氡室的氡气在气压差作用下，沿着橡皮管进入探测器，使测氡仪产生读数，此时换算系数：

$$J_a = Kc_{Rn}/\bar{n} \qquad (Bq/l)/cpm \qquad (2\text{-}25)$$

式中：K——与抽气筒容积有关的修正系数。

若用液体镭源作真空法标定时，换算系数：

$$J_a = \frac{Q_{Ra}(1 - e^{-\lambda_{Rn}t})}{\bar{n} \cdot V_{室}} \qquad (2\text{-}26)$$

式中：V——探测器容积，m^3。

（三）累积法

它可用于标定固体径迹探测器（SSNTD），活性炭法，α 聚集器法，液闪法等探测器以及 α 卡探测器和 α 仪探测器等累积测氡仪。通常使用氡室作标准源，因为氡室可以模拟野外测量条件。此时换算系数：

$$J_a = Kc_{Rn}/\bar{n} \qquad (Bq/l)/读数单位 \qquad (2\text{-}27)$$

式中：c_{Rn}——氡室中饱和浓度。

$\bar{n}$——读数平均值，径迹测量用径迹/平方毫米（T/mm^2）作单位；活性炭法测量用 cpm 作单位；α 卡法测量用 cph 作单位等。

三、实验内容

以 FD-3017 型测氡仪的真空法进行实验步骤。
(1)检查 FD-3017 型测氡仪的抽气系统和测量操作台。
(2)使用液体镭源进行真空法标定 FD-3017 型测氡仪。
(3)计算土壤氡换算系数和水样氡换算系数。

四、设备与装置图

(1)密封 3d 以上的液体镭源 1 个。
(2)FD-3017 型测氡仪一台。
(3)干燥器 1 个。

五、实验步骤

1. 检查抽气系统密封程度
将真空表直接连接进气阀门，提拉抽气筒至 0.5L 或 0.1L，真空表上升至 760mmHg 柱高，观察其保持情况，若漏气速率小于 20mmHg/min，则抽气系统密封良好。
2. 检查仪器工作状态
(1)仪器工作正常时，液晶左下角显示"HV"，符号无显示时说明高压不足。
(2)定时选择。
高压定时：1，2，3，5，10(min)或手控。

测量定时：0.5，1，2，3，5，10(min)或手控。

到预定时间，仪器自动鸣叫报警。

(3)按实验 FD-3017 测氡仪的阀值调试，确定测量道宽上阀(若已调试，则省略该步)。

(4)置"微-积"开关于"积"，置"谱-测"开关于"测"，使仪器进入测量状态。

3. 标定仪器

(1)开启操作台电源补检查电池电压及检验信号；使面板上甄别阀旋钮的刻度指示在仪器确定的位置。

(2)高压时间开头置于 2min(或 3min)位置上。

(3)用电缆连接高压输出端和抽气筒上的输入端。

(4)将阀门拨到"排气"位置，上提抽气筒，使空气抽入筒内，然后又排出，反复几次以清洗抽气系统。当环境湿度大于 80%时，阀门置于"吸气"位置，使空气经干燥器过滤后，以干燥空气清洗抽气系统。

(5)连接液体镭源、橡皮管、干燥器、抽气筒、进气阀门。

(6)放片：打开抽气筒上的样片盒，放入"干净"的收集片(注意片有记号的面朝上，光面向下)。

(7)脱气：将阀门转向"吸"，同时打开液体镭源瓶封闭夹，记下时间，即可缓缓提升抽气筒，使源内的气泡保持在瓶中间部位，直至抽气筒提升到顶部。此时筒内空腔体积为 1.5L(水样氡标定时，其脱气体积只需提升到 1L 处即可，整个脱气过程尽可能在 40s 内完成。气泡结束后，即将阀门放到"关"的位置(注意：提拉抽气筒时切忌过猛和下压抽气筒)。

(8)启动高压收集 ^{218}Po(RaA)：按下高压按钮，经 2(或 3)min 后，蜂鸣器自动报警，高压电源被切断，表示加高压结束。

(9)打开样片盒，取出收集片，将其光面朝上，放入探测器盒内，此过程需在 15s 内完成。

(10)测量脉冲记数：样片放入探测器盒内，仪器停止加高压，15s 后仪器自动启动计数，经 2(或 3)min 计数测量完毕，发出第二次报警信号，这时记下脉冲计数(N_2)，整个过程结束。

(11)换源、换片按步骤(4)~(10)测量 3~5 片，取平均计数参与换算系数的计算。

六、编写实验报告

实验报告编写的具体要求如下：

(1)阐述标定测氡仪原理、方法、步骤，计算换算系数。

(2)阐述检查仪器阀值，为什么？

(3)阐述通过 ^{218}Po 测量 ^{222}Rn 浓度的优点是什么？

七、思考题

1. 如何测量土壤中氡浓度？

2. 如何测量水中氡浓度？为什么计算氡浓度时要注意水样体积修正？怎样修正？

3. 通过^{218}Po 测量^{222}Rn 浓度的优点是什么？

4. 怎样检查测氡仪的阈值？

第七节　NaI(T1)闪烁谱仪

一、实验目的

(1)了解谱仪的工作原理及使用方法。

(2)学习分析实验测得的^{137}Csγ 谱之谱形。

(3)测定谱仪的能量分辨率及线性。

二、实验原理

NaI(T1)闪烁谱仪由 NaI(T1)闪烁体、光电倍增管、射极输出器和高压电源以及线性脉冲放大器、单道脉冲幅度分析器(或多道分析器)、定标器等电子设备组成。图 2-10 为 NaI(T1)闪烁谱仪装置的示意图。此种谱仪既能对辐射强度进行测量又可作辐射能量的分析，同时具有对 γ 射线探测效率高(比 G-M 计数器高几十倍)和分辨时间短的优点，是目前广泛使用的一种辐射探测装置。

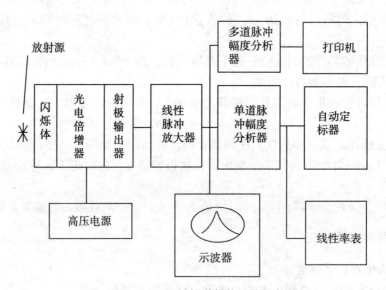

图 2-10　NaI(T1)闪烁谱仪装置的示意图

当 γ 射线入射至闪烁体时，发生三种基本相互作用过程：①光电效应；②康普顿散射；③电子对效应，参见表 2-9。前两种过程中产生电子，后一过程出现正、负电子对。这些次级电子获得动能，次级电子将能量消耗在闪烁体中，使闪烁体中原子电离、激发而

44

后产生荧光。光电倍增管的阴极将收集到的这些光子转换成光电子，光电子再在光电倍增管中倍增，最后经过倍增的电子在阳极上收集起来，并通过阳极负载电阻形成电压脉冲信号。γ 射线与物质的三种作用所产生的次级电子能量各不相同，因此对于一条单能量的 γ 射线，闪烁探测器输出的次级电子脉冲幅度仍有一个很宽的分布。分布形状决定于三种相互作用的贡献。

表 2-9　　　　　　　　　　　γ 射线在 NaI(Tl) 闪烁体中相互作用的基本过程

基本过程	次级电子获得能量 T
(1)光电效应 γ+原子→原子激发或→离子激发+电子	$T = E_\gamma - E_B$(该层电子结合能)
(2)康普顿散射 γ+电子→γ′(散射)+反冲电子	按 $T = \dfrac{E_\gamma r(1-\cos\theta)}{1+r(1-\cos\theta)}$, $r = \dfrac{E_\gamma}{m_0 c^2}$, θ 为散射角，从 0 至最大能量 $\dfrac{2E_\gamma r}{1+2r}$ 连续分布，峰值在最大能量处
(3)电子对产生 γ+原子→原子+e^++e^-	电子对均分能量 $E_\gamma - 2m_0 c^2$

根据 γ 射线在 NaI(Tl) 闪烁体中总吸收系数随 γ 射线能量变化规律，γ 射线能量 E_γ < 0.3MeV 时，光电效应占优势，随着 γ 射线能量升高康普顿散射几率增加；在 E_γ > 1.02MeV 以后，则有出现电子对效应的可能性，并随着 γ 射线能量继续增加而变得更加显著。图 2-11 为示波器荧光屏上观测到的 ^{137}Cs 0.662MeV 单能 γ 射线的脉冲波形及谱仪测得的能谱图。

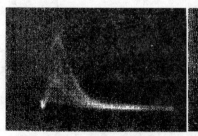

(a)示波器荧光屏上观察到的波形　　　　(b)谱仪测量137Cs γ 能谱

图 2-11　137Cs 的 γ 能谱

在 γ 射线能区，光电效应主要发生在 K 壳层。在击出 K 层电子的同时，外层电子填补 K 层空穴而发射 X 光子。在闪烁体中，X 光子很快地再次光电吸收，将其能量转移给光电子。上述两个过程是几乎同时发生的，因此它们相应的光输出必然是叠加在一起的，即由光电效应形成的脉冲幅度直接代表了 γ 射线的能量(而非 E_γ 减去该层电子结合能)。

谱峰称为全能峰。为便于分析 γ 射线在闪烁体中可能发生的各种事件对脉冲谱的贡献，及具体实验装置和其周围物质可能产生的对谱形的影响。表 2-10 列举了 12 种情况供参考。

表 2-10　　　　　　　γ 射线在闪烁体中各种吸收过程对能谱分布的贡献
及周围物质散射对谱形的影响

	1	2	3
吸收过程			
	光电效应	康普顿散射，散射 γ 射线逃逸	康普顿散射，散射 γ 射线被吸收
闪烁体吸收能量	E_γ	从零到 $\dfrac{2E_\gamma r}{1+2r}$	E_γ
脉冲幅度	全能峰内	康普顿分布区内	全能峰内

	4	5	6
吸收过程			
	电子对效应，正电子湮没，γ 射线逃逸	电子对效应，一个湮没辐射逃逸	电子对效应，两个湮没辐射均被吸收
闪烁体吸收能量	$E_\gamma - 1.02 (\text{MeV})$	$E_\gamma - 1.02 + 0.51 = E_\gamma - 0.51$ (MeV)	E_γ
脉冲幅度	正比于 $E_\gamma - 1.02$ (MeV)，此峰称双逃逸峰	正比于 $E_\gamma - 0.51$ (MeV)，此峰称单逃逸峰	全能峰内

	7	8	9
吸收过程			
	电子对效应,一个湮没辐射产生康普顿电子	多次康普顿散射,散射 γ 逃逸	透过闪烁体射线在管子光阴极上发生康普顿反散射或射线在源及周围物质上发生康普顿反散射
闪烁体吸收能量	康普顿效应贡献 + E_γ − 0.51(MeV)	$< E_\gamma$	$E_\gamma - \dfrac{2E_\gamma r}{1+2r}$
脉冲幅度	分布在康普顿连续区内(若散射 γ 被吸收则仍在全能峰内)	若脉冲分布在 $\dfrac{2E_\gamma r}{1+2r}$ 与 E_γ 之间,使峰谷比降低	出现在相对于全能峰完全确定的位置上,称反散射峰

	10	11	12
吸收过程			
	除 π 角外的角度上发生康普顿散射	在周围物质中产生对效应,一个 γ 射线进入闪烁体	在闪烁体电子吸收体中发生小角度康普顿散射,散射辐射进入闪烁体
闪烁体吸收能量	在 $E_\gamma - \dfrac{2E_\gamma r}{1+2\gamma}$ 与 E_γ 之间	0.51(MeV)	稍小于 E_γ
脉冲幅度	与常规康普顿分布难以区分	峰位在 0.51(MeV)处,对 β^+ 源此处亦存在峰	分布在全能峰低能边,使峰形不对称,峰谷比降低

　　一台闪烁谱仪的基本性能由能量分辨率、线性及稳定性来衡量。在探测器输出脉冲幅

度的形成过程中存在着统计涨落。即使是确定能量的粒子的脉冲幅度，也仍具有一定的分布。通常把分布曲线极大值一半处的全宽度称半宽度即 FWHM，有时也用 ΔE 表示。半宽度反映了谱仪对相邻脉冲幅度或能量的分辨本领。因为有些涨落因素与能量有关，使用相对分辨本领即能量分辨率 η 更为确切。一般谱仪在线性条件下工作，故 η 也等于脉冲幅度分辨率，即

$$\eta = \frac{\Delta E}{E} = \frac{\Delta V}{V} \tag{2-28}$$

$E(V)$ 和 $\Delta E(\Delta V)$ 分别为谱线的对应能量(幅度值)和谱线的半宽度(幅度分布的半宽度)。标准源 ^{137}Cs 全能峰最明显和典型，因此经常用 ^{137}Cs0.662MeV 的 γ 射线的能量分辨高的闪烁体，使用光电转换效率高的光阴极材料，以及提高光电子第一次被阴极收集的效率等均有利于改善能量分辨率。

在本实验中尚需考虑到下列一些因素，进行必要的调整，以期达到一台谱仪可能实现的最好的分辨率。

(1)闪烁体与光电倍增管光阴极之间保持良好的光学接触；

(2)参考光电倍增管高压推荐值，并作适当调整，使得在保持能量线性条件下，输出脉冲幅度最大；

(3)合理选择单道分析器的道宽，若单道分析器最大分析幅度为 10 伏时，道宽宜用 0.1V；

(4)根据放射源的活度，选择合适的源与闪烁体之间的距离。

显然，利用 γ 谱解析核素的或能量相近的 γ 射线时，受到了谱仪能量分辨率的限制。这时就需要借助于实验上得到的单能 γ 谱的经验规律，例如半宽度随着 γ 射线能量变化的经验规律，以及各种数学处理方法来解决。

能量线性指谱仪对入射 γ 射线的能量和它产生的脉冲幅度之间的对应关系。一般 NaI(T1)闪烁仪在较宽的能量范围内(100~1300keV)是近似性的。这是利用该谱仪进行射线能量分析与判断未知放射性核素的重要依据。通常，在实验上利用系列 γ 标准源，在确定的实验条件下分别测量系列源 γ 谱。由已知 γ 射线能量全能峰位对相应的能量作图，这条曲线即能量刻度曲线。典型的能量刻度曲线为不通过原点的一条直线，即

$$E(x_p) = Gx_p + E_0 \tag{2-29}$$

式中：x_p 为全能峰位；E_0 为直线截距；G 为增益即每伏(或每道)相应的能量。能量刻度亦可选用标准源 ^{137}Cs(0.662)MeV 和 ^{60}Co(1.17、1.33MeV)来作。实验中欲得到较理想的线性，还需要注意到放大器及单道分析器甄别阈的线性，进行必要的检验与调整。此外，实验条件变化时，应重新进行刻度。

显然，确定未知 γ 射线能量的正确性取决于全能峰位的正确性。这将与谱仪的稳定性、能量刻度线的原点及增益漂移有关。事实上，未知源总是和标准源非同时测量的，因此很可能他们的能量对应了不同的原点及增益。当确定能量精度要求较高时，需用电子计算机处理，调整统一零点及增益，才能得到真正的能量与全能峰峰位的对应关系。至于全能峰峰位的确定，本实验可在记录足够数目的计数后由图解法得到。

三、实验内容

（1）调整谱仪参量，选择并固定最佳工作条件。

（2）测量^{137}Cs、^{65}Zn、^{60}Co 等标准源之 γ 能谱，确定谱仪的能量分辨率、刻度能量线性并对^{137}Csγ 谱进行谱形分析。

（3）测量未知 γ 源的能谱，并确定各条 γ 射线的能量。

四、实验装置

（1）NaI(Tl)闪烁谱仪，FH1901，1 套；

（2）多道分析器，FH419G1，1 台；

（3）脉冲示波器，SBM-10，1 台；

（4）标准 γ 源，^{137}Cs、^{65}Zn、^{60}Co，各 1 个；

（5）未知 γ 源，1 个。

五、实验步骤

（1）连接仪器。用示波器观察^{137}Cs 及^{60}Co 的脉冲波形，调节并固定光电倍增管的高压。

（2）调节放大器的放大倍数，使^{137}Cs0.662MeV 的 γ 射线的全能峰落在合适的甄别阈位置上，例如 8V。选择并固定单道分析器道宽，例如 0.1V，测量^{137}Cs 全能谱及本底谱。

（3）改变放大器放大倍数，使^{137}Cs、^{65}Zn、^{60}Co 之全能峰合理地分布在单道分析器阈值范围内。依次测量这三个 γ 源的能谱。

（4）在步骤(3)实验条件下，测量未知 γ 源能谱。

（5）实验结束前，再重复测量^{137}Cs0.662MeV 的 γ 射线的全能峰，以此检验谱仪的稳定性。

六、思考题

1. 如何从示波器上观察到的^{137}Cs 脉冲波形图，判断谱仪能量分辨率的好坏？

某同学实验结果得到^{137}Cs 能量分辨率为 6%，试述怎样用实验来判断这一分辨率之真假？

2. 若有一单能 γ 源，能量为 2MeV，试预言其谱形。

3. 试根据你测量^{137}Cs、^{65}Zn、^{60}Co 能谱，求出相应于 0.662、1.11 和 1.33MeVγ 射线全能峰的半宽度，并讨论半宽度随 γ 射线能量变化的规律。

4. 试述^{60}Co1.17MeV 这条 γ 射线相应的能量分辨率，能否直接从其全能峰半宽度求出，为什么？

5. 在你测得的^{137}Cs0662MeVγ 射线全能峰峰位处，作一垂线为对称轴，将会发现对称轴低能边计数明显地多于相应的高能边的计数，试参照表 2-10 分析全能峰不完全对称的原因。

第八节 γ射线通过物质后的能谱变化

一、实验目的

（1）建立谱变化的感性认识。
（2）认识谱平衡的特点及其形成原因。
（3）了解影响谱变化的因素。

二、实验原理

当一束单能的或者是多能的γ射线束通过吸收介质后，其照射量率将减弱，即γ射线被物质吸收。这一过程中可产生三种效应：①光电效应。入射γ射线击出原子的内层电子，如K层电子，这时K层上出现空穴，若L层或更高层电子跃迁至空穴时，边产生K-X射线（对重元素发生几率较大）或放出俄歇电子（对轻元素发生几率较大）。②康普顿散射和汤姆逊散射。前者不仅能使入射γ射线能量降低，而且会改变方向，连续多次散射，入射γ射线的能量会大量损耗；后者将不会改变射线的能量，只会改变射线的方向。③电子对效应。入射γ射线（能量大于1.02MeV）作用于原子核或原子的电子场时，一个γ光子转化成一对正负电子的作用。

上述三种效应产生的总效果使γ射线减弱，减弱过程中，光电效应使γ射线束中低能量所占比例相对降低（因为低能γ光子，发生光电效应的几率较大），高能量组分相对提高。与此同时，康普顿散射、电子对效应会使透过介质的γ射线或中高能组分的比例降低，低能组分比例提高，随着吸收介质厚度的增加，这两种作用的效果必然会趋向"动态平衡"。此时，在通过物质后的γ射线束中，各种能量的射线组分所占比例保持恒定，致使γ谱的形态也就保持稳定，这种现象谓之"谱平衡"。

谱平衡时，仪器谱中特征光电峰消失，在低能区出现某一固定能量的多次散射峰，且谱的形态不再随吸收介质厚度增加而改变，仅是照射量率会降低。

谱平衡时，介质厚度的大小与其有效原子序数$Z_{有效}$有关，$Z_{有效}$增大，光电效应发生的几率增大，低能组分减少，多次散射峰值相对降低，其对应能量位置向高能方向偏移，$Z_{有效}$减消时则相反。图2-12是γ射线束通过不同厚度的吸收介质谱成分的变化情况。

三、实验内容

（1）测量γ射线穿过不同厚度水泥板的仪器谱。
（2）测量γ射线穿过不同厚度铁板的仪器谱。
（3）分别确定γ射线穿过一定厚度的铁板和水泥板后，能谱达到平衡时谱峰的对应能量。

四、设备与装置

（1）ORTEC 高纯锗γ探测器；

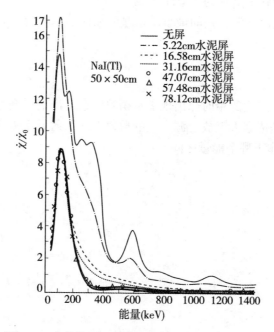

图 2-12 点状镭源 γ 射线通过水泥屏时成分的变化

(2)点状平衡标准源一个;

(3)30cm×30cm×0.5cm 铁板 40 块;

(4)水泥块 30 块。

五、实验步骤

(1)检查谱仪,使之正常工作。

(2)测量并打印无吸收板时放射源的仪器谱。

(3)测量并打印不同厚度的水泥板(厚度待定)。

(4)测量并打印不同厚度的铁板。

(5)重复步骤(2)。如果与首次测量曲线有显著差异,应寻找原因并进行解决;否则应重做部分或全部实验工作。

(6)分析测定的曲线。

六、编写实验报告

实验报告编写要求如下:

(1)打印出两张仪器谱图。

①γ 射线穿过水泥板的仪器谱。

②γ 射线穿过铁板的仪器谱。

注意:图中需按要求注名仪器型号及厂家,探测器类型及尺寸,源的类型及源常数,作用物质密度,工作者姓名、测量时间(年、月、日)。

（2）给出仪器谱的各个谱峰的对应能量。

（3）谱平衡时，指出水泥、铁的最小质量厚度和最小厚度。

（4）结论和建议。

七、思考题

1.γ射线通过足够厚度的铅时会出现谱平衡吗？试给出谱平衡存在的条件。

2.γ射线密度计是依据人工放射源产生的散射射线照射量率大小来测量被照物质密度的，指出该仪器应工作于哪个能量区间？

第三章 电磁辐射监测实验

第一节 射频通信设备电磁辐射测量实验

一般人们暴露在电磁辐射下的情况有两种：一种是在直线视野内可以直接看到污染源的，称为 LOS(Line of Sight)条件；另一种就是在直线视野内见不到污染源的，称为 NLOS(No Line of Sight)。目前针对这两种条件下的研究主要集中在其信号的衰减模型上。

一、实验目的

(1)理解掌握 LOS 点的电磁辐射场强的分布特点；
(2)理解掌握 NLOS 点的电磁辐射场强的分布特点；
(3)对比分析 LOS 和 NLOS 电磁辐射的分布。

二、实验原理

射频辐射场的频率范围从 3kHz~3000GHz，在上述频率范围内电磁能量可以向周围空间辐射。辐射电磁场可按辐射频率分类，如表 3-1 所列，也可以按辐射区域分为近场区和远场区。

表 3-1   射频电磁场频率划分

频率范围	波长范围	频段名称	波段名称
3~30kHz	100~10km	甚低频(VLF)	超长波
30~300kHz	10~1km	低频(LF)	长波
0.3~3MHz	1~0.1km	中频(MF)	中波
3~30MHz	100~10m	高频(HF)	短波
30~300MHz	10~1m	甚高频(VHF)	超短波(米波)
0.3~3GHz	1~0.1m	超高频(VHF)	分米波
3~30GHz	10~1cm	特高频(SHF)	厘米波
30~300GHz	10~1mm	极高频(EHF)	毫米波

三、实验内容

(1)选取一移动基站,对其电磁辐射近场分布进行监测。

(2)选取一电视发射塔,对发射塔附近电磁辐射进行监测。

(3)测点以移动基站或电视发射塔为中心等间距离设点。

四、实验仪器

电磁辐射仪1台。

五、实验方法、步骤

射频电磁场监测采用美国 HOLADAY 公司生产的 HI-3004 全向宽带场强测量仪,该仪器主要设计用于 EMI/EMC 研究的低水平场测量。仪器具有全时自动归零功能,探头选用 HSE 高灵敏度电场探头,仪器表盘度数以电场强度 V/m 表示,频率相应为 0.5MHz~6GHz ±2dB,频率精确度±0.5dB,计算精度在计算频率范围内为±0.5dB。根据电磁辐射测量的国际标准(IEEE Standard C-95.3-1991),对工作日内连续 24h 辐射强度进行 5~6 次监测。实验测量离地 1.7m 高处空间场强,每个测量点每轮读三个数据,三个数据求平均值作为该点的电场强度值,然后按式(3-1)计算电磁辐射功率密度。

$$S = E^2/Z \tag{3-1}$$

式中:S——功率密度,W/m^2;

E——电场强度,V/m^2;

Z——自由空间的阻抗,取值 377Ω。

1. 远场辐射强度的测量

1GHz 以下远场辐射强的测量,可用远区场强仪,也可用干扰场强仪。本节主要介绍远区场强仪。

远区场强仪是一个低输入阻抗的超外差接收机,可以测量空间辐射的正弦电磁场,也可以测量电路上的正弦端电压,简化的远区场强仪原理框图如图 3-1 所示。

2. 150kHz~30MHz 辐射场强的测量

测量方法:

(1)环境条件,环境温度 10~40℃,相对湿度≤80%。测量应在无雨、无雪、无浓雾,风力不大于三级的情况下进行。无关人员应远离测量仪器 3m 以外。

(2)测量时间,由于本测量频段主要为中波广播频段,因此测量应在广播电台工作时间,对于每一测量点,一般在上午、下午及晚上分频率各测量一次,条件允许时,可连续测量数天。

(3)由于广播电台发射天线在水平面内辐射通常是各向同性的,因此可仅测量环境条件(地形、建筑物分布等)差别比较大的几个方向即可。对于定向发射天线,可在最大辐射方向选点。

3. 30~300MHz(VHF 频段)辐射场强的测量

测量方法:

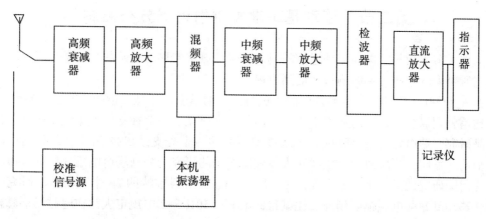

图 3-1　远区场强仪原理框图

（1）仪器准备。按技术说明书的要求安装仪器，调节对称振子天线的长度等于被测频率的半波长，按测量要求架设天线高度和极化方向，使天线最大接收方向对准来波方向，并使用配套的电缆连接至主机上。对主机进行预热，若使用机内直流电源，应先检查电源电压是否正常，按顺序对主机进行调零、频率调谐、主机增益校准等调试工作。

（2）测量内容：通常电视和调频广播共用一个广播发射塔，测量内容上应包括：各频道电视广播（包括图像信号和伴音信号）的水平极化波场强和垂直极化波场强。各种频率调频广播辐射的水平极化波场强和垂直极化波场强。

六、数据分析记录与分析

1. 数据记录（见表 3-2）

表 3-2　　　　　　　　移动基站及电视发射塔附近电磁场强度监测结果记录表

测点序号	距离/m	E_y(kV/m)	E_x(kV/m)	H_y(A/m)	H_x(A/m)	备注
1						
2						
3						

2. 数据分析

采用 Originpro 对数据进行分析处理。

七、思考题

1. 常见的射频电磁辐射源有哪些？如何进行测量？

2. 请通过网上检索，比较中美两国射频电磁辐射标准的差异。

第二节　移动基站电磁辐射近场分布监测

为增大覆盖面积，提高移动通信的通讯质量，城市中移动基站的分布越来越密集，移动基站所带来的电磁污染影响日益受到重视。

20世纪90年代开始，世界各国着手进行移动通信引起环境污染的研究。1993年美国移动通信公司联合一群专门从事手机研究的科学家成立了一个独立的专家组，进行手机辐射污染研究，使电磁污染研究成为无线技术研究的一个分支。1994年5月，欧洲也成立了类似的专家组，开展射频电磁波对人体健康影响的研究。公众场合电磁辐射的分布状况是电磁污染研究的另一个重要方面。A. H. Al-Otaibi对科威特的26个移动基站研究结果表明，移动基站的电磁辐射场强，比试行标准ENV50166-2中规定人体在电磁场下暴露限制低40~800倍，最高功率密度比试行标准低1000多倍。

从我国的情况来看，移动基站多建在人口密集的城市中心区域，有些就建在居民住宅楼顶，基站电磁辐射对近距离环境的影响引起特别关注。弄清市区和郊区典型移动基站附近电磁能量辐射在空间和时间上的分布规律，特别是弄清在离天线仅数米至数十米的近距离范围内电磁污染状况，其结果可以为城市移动基站在布局规划中，做到既考虑到通信的便利有效，又考虑到控制射频电磁辐射场强对环境的不利影响，提供一定的科学依据。同时，通过对建有移动基站附近大楼内电场强度的监测与研究，了解基站附近各楼层的电磁辐射的空间分布情况，其结果可以为如何科学地选择设立移动基站的位置，及如何有效地防护不必要的电磁辐射提供依据。

一、实验目的

（1）掌握常见射频电磁设备，广播电视塔、手机基站的射频电磁污染的测量技术和评价技术。

（2）了解射频电磁污染控制技术。

二、实验原理

移动通信原理：

基站的通信信号通过基站天线向外辐射，一个典型的移动基站由三组天线组成，每一组有三根，一根用于发射电磁信号，另外两根用于接收手机发出的信号。基站天线的发射功率一般在20~60W范围，用美国国家环境健康和安全研究所（NIEHS）答公众提问的话来说，这样的功率就相当于一个家用照明灯的功率。移动通信系统主要是以增加基站的方式来扩容，而不是增大发射功率的方法。

天线采用板状定向天线，天线增益为9~13dB，天线的水平角60°，垂直角18~27°，辐射的电磁波形成电磁波瓣。主要辐射方向信号强，场强也高；蜂窝状基站采用"顶端激励"方式，每个基站三个呈扇形覆盖的定向天线使得基站向四周辐射电磁波呈3个120°的"三叶草"，三个主要辐射方向的电磁波信号强；公众蜂窝移动通信网一般采用小区制。

三、实验内容

对于基站电磁辐射的近场分布研究，选择市中心区域移动基站，按电磁辐射的国际标准（IEEE Standard C-95.3-1991）进行近距离处电磁场分布监测，监测在工作日内连续 24h 进行。使用 Holaday HI-3004 测量系统作宽频带测量，由测得的电场强度按式(3-1)计算电磁辐射功率密度。

1. 功率密度随距离的变化

在距发射天线 2~12m 范围内每隔 1m 设置一个测点，对各测点的电磁强度进行多次监测，分析射频电磁污染情况(见表 3-3)。

表 3-3　　　　　　　　**移动基站电磁辐射量随距离变化记录表**

距离(m)	2	3	4	5	6	7
E						
S						
距离(m)	8	9	10	11	12	13
E						
S						

2. 功率密度随时间的变化

在距发射天线 5m 处，0~60min 范围内每隔 5min 设置一个时间控制点，测量个时间监控点上的监测值，分析射频电磁污染情况(见表 3-4)。

表 3-4　　　　　　　　**移动基站电磁辐射量随距离变化记录表**

时间(min)	0	5	10	15	20	25
E						
S						
时间(min)	30	35	40	45	50	60
E						
S						

四、实验仪器、设备

（1）电磁辐射仪 1 台；
（2）米尺 1 个；
（3）计时器 1 个。

五、实验步骤

（1）打开电磁辐射测量仪，完成校准，确保仪器可以正常使用。

（2）以待测移动基站为圆心，在距发射天线 2~12m 范围内每隔 1m 设置一个测点，对各测点的电磁强度进行监测。每个测点读数 3 次，以平均值作为该测点的电磁强度值。选取 3~4 个方向重复上述步骤。

（3）在距待测基站 5m 处设 3~4 个固定测点（每个方向上 1 个测点）。每隔 5min 测量一次监控点上的电磁强度，每个测点监控 60min。

六、实验报告

（1）按照表 3-3 和表 3-4 记录监测数据。

（2）讨论分析电磁辐射随距离的变化特征。

（3）绘制不同方向上，与移动基站距离相同处测点上电测辐射强度图，讨论分析移动基站电测辐射受方向影响的变化特征。

（4）绘制相同测点电测强度与时间的关系曲线，讨论分析电磁辐射强度随时间的变化特征。

七、思考题

1. 调查一下你居住的小区有多少个移动基站？评估你所处空间的电磁强度值。

2. 提出个体防护电测辐射的建议。

附录 1　TES-1352A 型可程式噪声声级计的使用说明

TES-1352A 型可程式噪声声级计的外形结构与面板如附图 1-1 所示。

1. 规格

TES-1352A 型可程式噪声声级计如附表 1-1 所列。

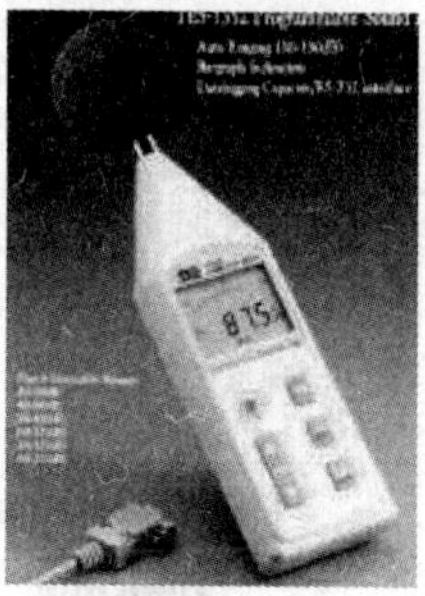

2. 操作前准备事项

（1）使用"+"字起子打开仪器背面的电池盖，装上 4 枚 1.5V 电池与电池座上；

（2）盖回电池盖并使用"+"字起子锁紧螺丝；

（3）当电池电力老化时，LCD 面板会出现"缺电"闪烁符号，表示此时电池电力即将不敷使用，必须更换电池；

（4）使用 DC 电源转换器时，请将 DC 电源转换器的输出插头插入仪表侧面的 DC6V 插孔。

附图 1-1

3. TES-1352A 型声级计的使用

（1）操作步骤。

①按下电源开关；

②按下 Level 或选择合适的挡位测量现在的噪声，以不出现"UNDER"或"OVER"符号为主；

③要测量以人为感受的噪声量请选用 dBA；

④要读取即时的噪声量请选择 FAST，如果获得当时的平均噪音量请选择 SLOW；

⑤如要取得噪声量的最大值可按"MAX"功能键，即可读到最大噪音量的数值。

（2）存储记录和删除记录。

①启动记录：持续按住 RECORD 键 3s，则是将现在读值依据设定的间隔时间依次记录于内部的记忆体，直到记忆体用尽或再按此键一次则停止记录；

②当记录组数超过 255 组或资料笔数共超过 16000 笔时，LCD 面板右下角会出现"FULL"符号，则表示记忆体已满；

③在关机状态下按住此键"RESET"不放并且开启电源 3s 后 LCD 面板上会出现"DEL"，则是将内部记录资料全部删除。

（3）注意事项。

①请勿置于高温、潮湿的地方使用；

②长时间不使用请取出电池，避免电解液漏出损伤本仪表；

③瞬间的冲击性噪声请勿选用 30~130dB 档位测量；

④在室外测量噪声的场合，可在麦克风头装上防风罩，避免麦克风直接被风吹到而测

量到无关系的杂音。

附表 1-1 **TES-1352A 型可程式噪声声级计的规格**

国际规范	IEC Pub 651 Type2，ANSI S1.4 Type 2
频率范围	31.5Hz~8kHz
A 加权	30~130dB
C 加权	30~130dB
挡位	6 挡位，间隔 10dB 30~80dB/40~90dB/50~100dB/60~110dB/70~120dB/80~130dB
自动换挡	30~130dB
时间加权	Fast and Slow
动态范围	50dB
数字显示	4 位数 LCD(0.1dB 分辨率)
Quasi-analog bar Indicator	1dB display steps，50dB display range；updated every 50ms
过载指示	每个范围之上限
最低指示	每个范围之下限
麦克风	1/2 inch 电容式麦克风
模拟 **AC/DC** 输出	0.707 Vrms(at full scale)，10mVDC/dB
记录(**Data logging**)	可记录 16000 笔资料
操作及存储温湿度	0~50℃；10%~90% RH
电源	One 9V battery
尺寸及重量	265(L)×72(W)×21(H) & 325g
附件	使用说明书，电池，RS-232 Connecting cable 携带盒，调整起子，软件，风罩 9 Pin to 25 Pin 转换头 Changer，3.5f plug

附录 2　PSJ-2 型声级计使用方法

（1）按下电源按键（ON），接通电源，预热半分钟，使整机进入稳定的工作状态。

（2）电池校准：分贝拨盘可在任意位置，按下电池（BAT）按键，当表针指示超过表面所标的"BAT"刻度时，表示机内电池电能充足，整机可正常工作，否则需要更换电池。

（3）整机灵敏度校准：先将分贝拨盘于 90dB 位置，然后按下校准"CAT"和"A"（或"C"按键）这时指针应有指示，将起子放入灵敏校正孔进行调节，使表针指在"CAL"刻度上，此时整机灵敏度正常，可进行测量。

（4）分贝（dB）拨盘的使用与读数法：转动分贝拨盘选择测量量程，读数时应将量程数加上表针指示数，如：当分贝拨盘（dB）选择在 90 挡，而表针指示在 4dB 时，则实际读数为 90+4＝94（dB）；若指针指示为-5dB 时，则读数应为 90-5＝85（dB）。

（5）+10dB 按钮的使用，在测试当中有瞬时大信号出现时，为了能快速正确地进行读数，可按下+10dB 按钮，此时应按分贝拨盘和表针指示的读数再加上 10dB 作读数。如再按下+10dB 按钮后，表针指示仍超过满度，则应将分贝拨盘转动至更高一挡再进行读数。

（6）表面刻度：有 0.5dB 与 1dB 二种分度刻度。0 刻度以上指示为正值，长刻度为 1dB 的分度；短刻度为 0.5dB 的分度，0 刻度以下为负值，长刻度为 5dB 的分度，短刻度为 1dB 的分度。

（7）计权网络：本机的计权网络有 A、C 二挡，当按下 A 或 C 时，则表示测量的计权网络为 A 或 C，当不按按键时，整机不反应测试结果。

（8）表头阻尼开关：当开关处于"F"位置时，表示表头为"快"的阻尼状态；当开关在"S"位置时，表示表头为"慢"的阻尼状态。

（9）输出插口：可将测出的电信号送至示波器、记录仪等仪器。

附录3 放射性实验的基本要求

1. 辐射防护的主要目的及基本原则

在基础核医学实验中常用各种非密封性放射性物质(包括放射性冻干粉与放射性液体)进行开放型放射性操作,这必然造成放射性物质或多或少地通过消化道呼吸道进入人体内产生内照射,另外在操作过程中还有放射性物质透过放射性物质容器壁对人体产生的外照射,射线照射人体后主要通过直接损伤核酸、蛋白质、脂类及多糖分子,及射线与水分子作用产生自由基来损伤生物大分子而导致各种细胞器结构与功能受损,进而致使细胞凋亡或坏死而影响组织、器官乃至系统的机能,产生各种程度不同的辐射损伤效应(包括不明显的病理改变及造血型、胃肠型、心血管型与脑型放射病),因此必须高度重视辐射防护。

国际辐射防护委员会(ICRP)根据发生机制将辐射生物效应分为随机效应和确定性效应两大类。

(1)随机效应(stochastic effects):是指辐射效应的发生几率(而非严重程度)与剂量相关的效应。如辐射诱发癌症和遗传效应。

(2)确定性效应(deterministic effects):指效应发生的严重程度与受照剂量相关的效应,有剂量阈值。如放射性不育不孕症、放射性白内障、造血机能低下、寿命缩短等。

2. 辐射防护的主要目的

防止一切有害确定性效应发生,将随机效应发生率降低到可接受的水平。

3. 辐射防护基本原则

(1)辐射实践正当化;

(2)防护措施最优化;

(3)个人剂量限值(国家为保护放射工作者身体健康规定了三个年剂量限值:眼晶体小于等于150mSv 全身均匀照射小于等于50mSv 单个器官组织小于等于500mSv,连续5年受照剂量小于100mSv,平均每年小于20mSv。可以认为在此剂量范围内的照射不会对放射工作者健康产生危害)。

4. 开放型放射工作场所的设置与辐射防护要求

核医学实验室属于开放型放射工作场所,经常会使用各种毒性不等的放射性核素及其标记化合物,根据毒性放射性核素可分为极毒、高毒、中毒、低毒四组,再根据放射性核素等效年用量、日操作量的多少、毒性的高低和操作的简繁,将开放型放射性单位分为一、二、三类。

开放型放射工作场所实行三区设置,根据放射性活度高低由外到里依次为:

(1)清洁区,不存放放射性核素和进行放射性操作,如办公室、资料室、休息室等。

（2）中间区，又名控制区，处于污染区与清洁区之间，有被污染的可能性，要控制可能的污染，如更衣室、扫描室、测量室等。

（3）污染区，又名活性区，包括放射性核素贮存室，开瓶分装室，高低活性室。

5. 核实验中人员既受到射线外照射，又受到内照射

外照射防护原则：

（1）时间防护，受照量与时间成正比，因此在不影响工作情况下，尽量减少受照时间。要求操作人员技术熟练、动作迅速。

（2）距离防护，受照量与距离平方成反比，因此操作时，尽可能远离辐射源。

（3）屏蔽防护，受照量与屏蔽材料厚度成反比，操作时设置经济合理的屏蔽来达到减少照射的目的。

内照射防护原则：

（1）围封隔离，采用层层包围封堵，把开放源及其场所控制在有限空间内。非密封源应有特殊标记以免混淆，工作场所内也要分放射性与非放（在放射场所局部屏蔽处专门操作，或在手套箱及避风橱内操作），人员和物品进出要进行监测（如对出场所的工作人员衣、手进行检测，合格者才可放行）放射性场所的器材不得移到非放场所使用，若必须使用，需在检测合格后方可。废物要存在专门的地方或用密封容器装至制定地方处理或存放。对放射性三废的排放和处理都应有数量限制，防止控制放射性物质污染环境。

（2）去污保洁，对工作场所的污染采取通风过滤的办法，使场所工作环境保持清洁，对物品污染采取各种除污染方法，放射性物质污染皮肤或物体表面后，可以发生机械沉着或物理吸附于表面，也可以发生化学结合。机械沉着或吸附于表面的易消除，通常占污染量的大部分。发生化学结合时，比较牢固，难于去除，但它占总污染量的比例较小。因此，放射性物质污染表面时，要尽快除去，避免或减少发生化学结合，以利于除污。除污方法有：机械物理去污法（用自来水、肥皂与洗涤剂冲洗）、化学去污（用酸碱、络合剂、氧化剂或中草药等与放射性物质反应，达到去污目的）。

（3）个人防护，穿工作服、戴工作帽、口罩、套袖、穿工作鞋。在放射性工作场所严禁饮水、进食、吸烟、化妆。在工作中杜绝用口吸、鼻嗅、手摸放射性物质。吸取放射性液体应用吸耳球或自动取样器。

6. 核实验室放射性废物处置原则

核实验室应设置储源室及冰箱存放固体放射源与各种放射性液体。储源室门口设置电离辐射警示标志。同时应设置放射性制剂收支登记表，如实详细记录各种放射性物质的来源、用量及库存量、核素种类及物理半衰期等。

核实验难免产生放射性"三废"，处理放射性废物应根据《医用放射性废物管理卫生防护标准》采用以下三种措施：

（1）稀释排放方法，比活度低的废水，应不超过露天水源限值 100 倍，可允许排入下水道，通过普通污水的稀释，保证本单位污染排放总量低于露天水源的限值浓度。低浓度的放射性气体和气溶胶，可通过高出周围 50m 内建筑物 3m 以上的排气烟筒排入大气，经大气扩散稀释的浓度低于相应的限制浓度。

（2）放置衰变法，对半衰期小于 15d 的固体放射性废物，收集放置 10 个半衰期后，

按一般废物处理。

（3）浓缩贮存，对半衰期较长的放射性废物体积大的设法缩小（沉淀、焚烧、硝化、离子交换、过滤吸附），达到要求贮存起来。对气体或气溶胶过滤吸附，液体净洗浓缩后放容器内存放。

附录4　各类环境噪声标准

一、工业企业厂界环境噪声排放标准(GB12348—2008)

附表 4-1　　　　　　　　　工业企业厂界环境噪声排放限值　　　　　单位:dB(A)

厂界外声环境功能区类别	时　段	
	昼　间	夜　间
0	50	40
1	55	45
2	60	50
3	65	55
4	70	55

附表 4-2　　　　　结构传播固定设备室内噪声排放限值(等效声级)　　　单位:dB(A)

房间类型 噪声敏感建筑物所 处声环境功能区类别　时　段	A 类房间		B 类房间	
	昼间	夜间	昼间	夜间
0	40	30	40	30
1	40	30	45	35
2、3、4	45	35	50	40

说明:A 类房间——指以睡眠为主要目的,需要保证夜间安静的房间,包括住宅卧室、医院病房、宾馆客房等。

B 类房间——指主要在昼间使用,需要保证思考与精神集中、正常讲话不被干扰的房间,包括学校教室、会议室、办公室、住宅中卧室以外的其他房间等。

附表 4-3　　　　　　**结构传播固定设备室内噪声排放限值(倍频带声压级)**　　　　单位：dB

噪声敏感建筑所处声环境功能区类别	时段	倍频带中心频率/Hz　房间类型	室内噪声倍频带声压级限值				
			31.5	63	125	250	500
0	昼间	A、B类房间	76	59	48	39	34
	夜间	A、B类房间	69	51	39	30	24
1	昼间	A类房间	76	59	48	39	34
		B类房间	79	63	52	44	38
	夜间	A类房间	69	51	39	30	24
		B类房间	72	55	43	35	29
2、3、4	昼间	A类房间	79	63	52	44	38
		B类房间	82	67	56	49	43
	夜间	A类房间	72	55	43	35	29
		B类房间	76	59	48	39	34

二、社会生活环境噪声排放标准(GB22337—2008)

附表 4-4　　　　　　**社会生活噪声排放源边界噪声排放限值**　　　　单位：dB(A)

边界外声环境功能区类别	时　段	
	昼　间	夜　间
0	50	40
1	55	45
2	60	50
3	65	55
4	70	55

附表 4-5　　　　　结构传播固定设备室内噪声排放限值（等效声级）　　　单位：dB（A）

房间类型	A 类房间		B 类房间	
噪声敏感建筑物声环境所处功能区类别　　时　段	昼间	夜间	昼间	夜间
0	40	30	40	30
1	40	30	45	35
2、3、4	45	35	50	40

说明：A 类房间——指以睡眠为主要目的，需要保证夜间安静的房间，包括住宅卧室、医院病房、宾馆客房等。

B 类房间——指主要在昼间使用，需要保证思考与精神集中、正常讲话不被干扰的房间，包括学校教室、会议室、办公室、住宅中卧室以外的其他房间等。

附表 4-6　　　　　结构传播固定设备室内噪声排放限值（倍频带声压级）　　　单位：dB

噪声敏感建筑所处声环境功能区类别	时段	倍频带中心频率/Hz　　房间类型	室内噪声倍频带声压级限值				
			31.5	63	125	250	500
0	昼间	A、B 类房间	76	59	48	39	34
	夜间	A、B 类房间	69	51	39	30	24
1	昼间	A 类房间	76	59	48	39	34
		B 类房间	79	63	52	44	38
	夜间	A 类房间	69	51	39	30	24
		B 类房间	72	55	43	35	29
2、3、4	昼间	A 类房间	79	63	52	44	38
		B 类房间	82	67	56	49	43
	夜间	A 类房间	72	55	43	35	29
		B 类房间	76	59	48	39	34

三、建筑施工场界环境噪声排放标准（GB12523—2011）

附表 4-7　　　　　　　　　　　　　　　　　　　　　　　　　　　单位：dB

昼　间	夜　间
70	55

附录5　核辐射与电磁辐射环境保护标准

一、放射性环境标准

附表 5-1

标准名称	标准编号	发布时间	实施时间
核动力厂环境辐射防护规定	GB6249—2011	2011-2-18	2011-9-1
低、中水平放射性废物固化体性能要求——水泥固化体	GB14569.1—2011	2011-2-18	2011-9-1
核电厂放射性液态流出物排放技术要求	GB14587—2011	2011-2-18	2011-9-1
拟开放场址土壤中剩余放射性可接受水平规定(暂行)	HJ53—2000	2000-5-22	2000-12-1
低、中水平放射性废物近地表处置设施的选址	HJ/T23—1998	1998-1-8	1998-7-1
放射性废物的分类	GB9133—1995	1995-12-21	1996-8-1
铀矿地质辐射防护和环境保护规定	GB15848—1995	1995-12-13	1996-8-1
核热电厂辐射防护规定	GB14317—93	1993-4-20	1993-12-1
放射性废物管理规定	GB14500—93	1993-6-19	1994-4-1
铀、钍矿冶放射性废物安全管理技术规定	GB14585—93	1993-8-30	1994-4-1
铀矿冶设施退役环境管理技术规定	GB14586—93	1993-8-30	1994-4-1
反应堆退役环境管理技术规定	GB14588—93	1993-8-30	1994-4-1
核电厂低、中水平放射性固体废物暂时贮存技术规定	GB14589—93	1993-8-30	1994-4-1
低中水平放射性固体废物的岩洞处置规定	GB13600—92	1992-8-19	1993-4-1
核燃料循环放射性流出物归一化排放量管理限值	GB13695—92	1992-9-29	1993-8-1
核辐射环境质量评价的一般规定	GB11215—89	1989-3-16	1990-1-1
辐射防护规定	GB8703—88	1988-3-11	1988-6-1
低中水平放射性固体废物的浅地层处置规定	GB9132—88	1988-5-25	1988-9-1
轻水堆核电厂放射性固体废物处理系统技术规定	GB9134—88	1988-5-25	1988-9-1
轻水堆核电厂放射性废液处理系统技术规定	GB9135—88	1988-5-25	1988-9-1
轻水堆核电厂放射性废气处理系统技术规定	GB9136—88	1988-5-25	1988-9-1
建筑材料用工业废渣放射性物质限制标准	GB6763—86	1986-9-4	1987-3-1

二、电磁辐射标准

附表 5-2

标准名称	标准编号	发布时间	实施时间
电磁辐射防护规定	GB8702—88	1988-3-11	1988-6-1

三、相关监测方法标准

附表 5-3

标准名称	标准编号	发布时间	实施时间
辐射环境监测技术规范	HJ/T61—2001	2001-5-28	2001-8-1
核设施水质监测采样规定	HJ/T21—1998	1998-1-8	1998-7-1
气载放射性物质取样一般规定	HJ/T22—1998	1998-1-8	1998-7-1
铀加工及核燃料制造设施流出物的放射性活度监测规定	GB/T15444—95	1995-1-12	1995-10-1
低、中水平放射性废物近地表处置场环境辐射监测的一般要求	GB/T15950—1995	1995-12-21	1996-8-1
环境空气中氚的标准测量方法	GB/T14582—93	1993-8-30	1994-4-1
环境地表 γ 辐射剂量率测定规范	GB/T14583—93	1993-8-30	1994-4-1
牛奶中碘-131 的分析方法	GB/T14674—93	1993-10-27	1994-5-1
水中碘-131 的分析方法	GB/T13272—91	1991-10-24	1992-8-1
植物、动物甲状腺中碘-131 的分析方法	GB/T13273—91	1991-10-24	1992-8-1
水中氚的分析方法	GB12375—90	1990-6-9	1990-12-1
水中钋-210 的分析方法电镀制样法	GB12376—90	1990-6-9	1990-12-1
空气中微量铀的分析方法激光荧光法	GB12377—90	1990-6-9	1990-12-1
空气中微量铀的分析方法 TBP 萃取荧光法	GB12378—90	1990-6-9	1990-12-1
环境核辐射监测规定	GB12379—90	1990-6-9	1990-12-1
水中镭-226 的分析测定	GB11214—89	1989-3-16	1990-1-1
核设施流出物和环境放射性监测质量保证计划的一般要求	GB11216—89	1989-3-16	1990-1-1
核设施流出物监测的一般规定	GB11217—89	1989-3-16	1990-1-1
水中镭的 α 放射性核素的测定	GB11218—89	1989-3-16	1990-1-1

续表

标准名称	标准编号	发布时间	实施时间
土壤中钋的测定萃取色层法	GB11219.1—89	1989-3-16	1990-1-1
土壤中钋的测定离子交换法	GB11219.2—89	1989-3-16	1990-1-1
土壤中铀的测定 CL-5209 萃淋树脂分离 2-(5-溴-2-吡啶偶氮)-5-二乙氨基苯酚分光光度法	GB11220.1—89	1989-3-16	1990-1-1
生物样品灰中铯-137 的放射化学分析方法	GB11221—89	1989-3-16	1990-1-1
生物样品灰中锶-90 的放射化学分析方法 二-(2-乙基己基)磷酸酯萃取色层法	GB11222.1—89	1989-3-16	1990-1-1
生物样品灰中锶-90 的放射化学分析方法离子交换法	GB11222.2—89	1989-3-16	1990-1-1
生物样品灰中铀的测定固体荧光法	GB11223.1—89	1989-3-16	1990-1-1
生物样品灰中铀的测定激光液体荧光法	GB11223.2—89	1989-3-16	1990-1-1
水中钍的分析方法	GB11224—89	1989-3-16	1990-1-1
水中钋的分析方法	GB11225—89	1989-3-16	1990-1-1
水中钾-40 的分析测定	GB11338—89	1989-3-16	1990-1-1
水中锶-90 放射化学分析方法发烟硝酸沉淀法	GB6764—86	1986-9-4	1987-3-1
水中锶-90 放射化学分析方法二-(2-乙基己基)磷酸萃取色层法	GB6766—86	1986-9-4	1987-3-1
水中铯-137 放射化学分析方法	GB6767—86	1986-9-4	1987-3-1
水中微量铀分析方法	GB6768—86	1986-9-4	1987-3-1
放射性废物固化体长期浸出试验	GB7023—86	1986-12-3	1987-4-1

四、其他相关标准

附表 5-4

标准名称	标准编号	发布时间	实施时间
辐射环境保护管理导则电磁辐射监测仪器和方法	HJ/T10.2—1996	1996-5-1	1996-5-1
辐射环境保护管理导则核技术应用项目 环境影响报告书(表)的内容和格式	HJ/T10.1—1995	1995-9-4	1996-3-1
核设施环境保护管理导则研究堆 环境影响报告书的格式与内容	HJ/J5.1—93	1993-9-18	1994-4-1
核设施环境保护管理导则放射性固体废物浅地 层处置环境影响报告书的格式与内容	HJ/J5.2—93	1993-9-18	1994-4-1

五、已被替代标准

附表 5-5

标准名称	标准编号
核电厂环境辐射防护规定	GB6249—86
水中锶-90 放射化学分析方法离子交换法	GB6765—86
土壤中铀的测定三烷基氧膦萃取-固体荧光法	GB11220.2—1989
辐射源和实践的豁免管理原则	GB13367—1992
低、中水平放射性废物固化体性能要求塑料固化体	GB14569.2—1993
轻水堆核电厂放射性废水排放系统技术规定	GB14587—93

参 考 文 献

[1] 李连山，杨建设．环境物理性污染控制工程［M］．武汉：华中科技大学出版社，2009.

[2] 孙兴滨．环境物理性污染控制［M］．第2版．北京：化学工业出版社，2010.

[3] 任连海．环境物理性污染控制工程［M］．北京：化学工业出版社，2008.

[4] 陈杰瑢．物理性污染控制［M］．北京：高等教育出版社，2005.

[5] 复旦大学、清华大学、北京大学合编．原子核物理实验方法（上册）［M］．北京：原子能出版社，1981.

[6] G F Knoll. Radiation Detection and Measurement［M］. Section C，John Wiley & Sons，Inc，1979.

[7] P J 奥赛夫著．核辐射探测器入门［M］．姬成周译，北京：科学出版社，1980.

[8] 核素图表编制组编．核素常用数据表［M］．北京：原子能出版社，1977.

[9] 陈恒良，等．原子能科学技术，1977.